U0905603

做自己
就很好

做自己
就很好

做自己
就很好

做自己
就很好

做自己
就很好

做自己
就很好

做自己
就很好

做自己
就很好

做自己就很好

邱汐岩◎著

北京联合出版公司
Beijing United Publishing Co.,Ltd.

图书在版编目（CIP）数据

做自己就很好 / 邱汐岩著. —北京：北京联合出版公司，2016.4

ISBN 978-7-5502-7202-6

Ⅰ. ①做… Ⅱ. ①邱… Ⅲ. ①成功心理—青年读物 Ⅳ. ①B848.4-49

中国版本图书馆CIP数据核字（2016）第036691号

做自己就很好
作　　者：邱汐岩
责任编辑：陈　昊　徐秀琴
特约监制：刘杰辉　韩沐晓
封面设计：陆　璐

北京联合出版公司出版
（北京市西城区德外大街83号楼9层　100088）
北京鹏润伟业印刷有限公司印刷　新华书店经销
字数131千字　880毫米×1230毫米　1/32　印张7.25　插页4
2016年4月第1版　2016年4月第1次印刷

ISBN 978-7-5502-7202-6
定价：36.80元

未经许可，不得以任何方式复制或抄袭本书部分或全部内容
版权所有，侵权必究
如发现图书质量问题，可联系调换。质量投诉电话：010-82069336

自　序

很早很早以前，就想过要写一些东西，写给自己看，也写给别人看——告诉自己，我现在是什么样子；也告诉别人，我是什么样的人。

我的过去和当下，都被不同的人贴上过不同的标签，有人觉得我自信、谦逊、脾气好，有人又觉得我自负、桀骜、戾气太重，这些都不重要，因为对于任何一个个人而言，别人如何看待自身，永远不是最重要的，最重要的是是否正确认识自身。

我眼中的我，大概最大的特点就是“从不多管闲事”，如果事情与我无关或者与一些对我很重要的人或者事无关，那我尽量做到不公开评价、不干涉、不过问、不比较。有些人会觉得这样显得太冷漠，有些人会觉得这样做太理智。我想，至少在当下，我在这个问题上实现了自我认同。

有时候，这么做并不是怕得罪人，真正的原因有二：一来我不是当事人没办法了解真相，随意的结论未免有失公允；二来相对于这种八卦主义精神，更适合我们这些年轻人做的是那些真正可以提升自己的事情。

我一直试图表达这些，告诉别人我是一个独立的个体，我不需要去和别人比较，我不需要去过问别人的生活，这样才能保证人格独立、思想独立和情绪独立。

工业信息时代，热心与贴心总能在冷冰冰的金属和半导体中带来一些温度。遗世独立的我，在朋友、家人需要诉说的时候，依然可以和他们一起在杯盏间诉说衷肠。

现在再去回想一下我的学生时代，我却真切地经历了一段以热衷攀比、醉心八卦来显示自己存在感的年纪。在那个时代，仿佛你和一个人勾肩搭背过，你就是这个年段的人生赢家；当周围的人都在穿国产学生品牌的时候，一条五百元以上的牛仔裤能让你看起来脱胎换骨；好像你知道谁和谁恋爱以后，你就是新闻的焦点；那是一个爱起哄、爱欺负女生的愣头青。确实，以前我过得很幼稚，虽然每天的日子很有趣，可我仍然满足于现下的生活状态——别人活得好与坏、性格如何、品行如何，我都不想去过度关注和评价，我内心可以有一杆秤，在思想上对人与事有一个态度，但也不会妄言太多，因为我现在只想活好自己的生活。

同样，态度上活好自己，也别太在意别人对你的不足挂齿的评价。一如我不爱评价别人，我对别人对我的评价也最多有选择性地关注那些具有诚意的，因为我不能完全了解一个他人，他人当然也不能了解一个完全的我。所以一些随意而不走心的评价对我而言，也就不是那么重要了，我又何必为此烦心呢。

我总被人说“变了”，我也经常问自己，问身边的人是不是变了，他们的回答总是有很多。我知道，如果“世界上绝对不存在两个相同的事物”是真理，那么我“变了”就自然是成立的。但是，我们又为什么要排斥自己的“变”？只要我们成长的导数是一个正数，那么随着时间累积，我们会不断变好，这难道不是一个大家都企盼的结果吗？是故至此，我依然我行我素着，并不刻意去改变什么。

同样，我也越来越赞同一个观点，就是一个成熟的社会，不存在好与坏、对与错这样绝对对立的概念。任何两种事物，只要是存在相对之间的契合，符合主体的预期，那么就处在一个可接受的范畴当中。

社会已经给我们制定了无数的规则，我们也在成长中梳理着自己所实践的人生哲学。既然如此，我们真的不再需要太多的教条来圈禁我们的脑袋和思维。在这个既定的环境下，我们应该尊重自己的独立人格与独立思想，放肆，而不野蛮地生长。

目录
Contents

Chapter Two
有趣，从来是一件认真的事情

成长的过程大概就是别人觉得你是疯子过渡到别人觉得你是专家。

Chapter Three
少年，活个痛快

不要想成为任何人，做一个真实、独一无二并放肆生活的人。

Chapter One

你拼命奔跑是为了
追上那个被寄予厚望的自己

经历了这么多，我的理想还是那么经得起折腾，但又会在有的时候听到马头琴时，觉得自己如同放弃了人生一样满怀悲壮。

安和桥

其实最早知道宋胖子这个人，是因为一首改编版的《董小姐》，我觉得自己这样的公鸭嗓终于有一首歌可以在KTV里显摆显摆了。了解了这首歌和这个人，我觉得宋胖子还是一个很典型的民谣咖，歌词朴素易懂，曲调悠扬平静，歌唱着质朴的心情和纯粹的情怀，用安和桥和鼓楼大街描述着自己心中所想。

开始觉得，我喜欢这样的歌，但是一直局限于《董小姐》，或者也谈不上是喜欢。考研结果出来以后，可能我的心态变化了，一种梦想破灭的感觉，看了鸡汤也没用。我觉得我需要的是一种豁达，而不是治愈，因为这种挫败感是无法治愈的。

在曾厝垵，三月初的天气，我穿着短裤、背心，吹着海风，在海岸线上跑步，听到天桥上卖唱的人唱着："我知道，那些夏天，就像青春一样回不来。代替梦想的，也只能是勉为其难。我知道，吹过的牛×也会随青春一笑了之。"

沉重而略带笃定的中国鼓点，伴随着悠扬中带点儿散漫的马头琴声，一个民谣乐手拎着吉他怀揣曾经的梦想闯荡整个世界，却被世界泼了一盆冷水。他青春过，只是青春回不来；他梦想过，但终究仍然接受了现实。青春是韶华，美好却容易逝去；梦想是太阳，你要追逐就必须付出青春。不是每一个人都可以那么踏实而不计后果地将所有青春孤注一掷地扔在所谓的梦想上的。至少在我看来，坚持要有一个度，如果非得在南墙上撞得头破血流，这个人八成是心灵鸡汤看多了。不会接受现实，只知道向现实叫嚣着梦想多么伟大的人，都是内心流淌着玛丽苏少女心血液的重症乌托邦患者。

或许，我比较喜欢的是一种淡定的态度吧，态度是由内而外的，而所谓的坚持和经世莽撞都是表现罢了。昨天和一个朋友聊天，当我说到我现在经常半开玩笑半抱怨现在的经历很坎坷的时候，她给我发了一张图，是她高考作文里面做的摘抄——"淡定是一种态度，胜不骄，败不馁；淡定是一种勇气，行事放松自由，从容冷静，闲看庭前花开花落；淡定是一种能力，深思熟虑，能扬长避短，内省自知可有进有退；淡定是一种力量，气定神宁如巨岩阻浪，坚持不懈如水滴石穿。”

然后听听《安和桥》，“我已不会再对谁，满怀期待。我知道，这个世界，每天都有太多遗憾，所以你好，再见。”淡定，是在经历过一段、感悟了一段以后才能沉淀出来的一种气质。我对世界不再满怀期待，是因为我知道世界每天都有遗憾，我只需要做好我该做的事情；我知道世界每天都有遗憾，是因为我知道夏天、青春都是一去不回的，而所有年轻的东西都可能被世故和现实代替。所有一切到最后，不会像是电视剧那样峰回路转，而只是像安和桥下的水一样，安静平和。

一直跟周围的小伙伴说，少看电视剧，因为电视剧看多了总会对生活充满太多美好的幻想，觉得这个世界总会善待每个善良的人，然后被现实生活和困难当头一棒，跟你说“想得美”。我其实也爱看电视剧，以前看《来自星星的你》也觉得金秀贤帅得不行。但是，就拿这个场景来说，偶像剧里是千颂伊开着奔驰快要开到悬崖边的时候声嘶力竭地喊一声“都敏俊xi”，就真的会有都教授从天而降来拯救；生活是你根本没有机会开着奔驰去悬崖边，即使去了，你叫了，最后睁开眼看到的也是阎王爷。

社会是由人组成的，不是所有人都能像黄河、长江一样翻滚着波涛涌入大海。生活中，大多数人都像城市里或者乡村里那种安静的河水，静静地流淌，但也奔流不息地追逐着自己。

安和桥，和北京四号线的安河桥并不一样。歌曲里的安和桥，更多的是一种情愫，生活要我们“安静”，也要我们“平和”，因为大风大浪的生活我们看得太多，如果自己把自己掀翻，那还有什么勇气去追逐？

人从满腔热血到安静平和，很自然，也很悲壮，就像歌中高潮部分，马头琴配合手鼓拍出的那种旋律，因为那也许是我们青春当中最值得怀念和留恋的部分。拼搏和“单细胞”一样的拼劲是青春当中很重要的一部分，但最终也会慢慢消散，一如你的父亲经常说的：“爸爸老了，这些事情以后需要你自己做。”

说了这么多，只不过是我自己很羡慕这些潇洒的生活态度。坦白地讲，我是一个活得很世俗的人，但却并不现实，因为我没有办法像宋胖子那样把这些东西说放下就放下。至少经历了这么多，我的理想还是那么经得起折腾，但又会在有的时候听到马头琴时，觉得自己如同放弃了人生一样满怀悲壮。

跑着跑着，我跑到了黄厝码头，那里没有沙滩，只有礁石。浪花声和海水拍到礁石的声音混杂着，你会情不自禁地对着大海大喊一声。像李亚鹏对着海，配着陈奕迅的那首《等你爱我》。我不知道从什么时候起，肚子里开始有一股气，可能是愁，也可能是怅，也可能是悔，抑或是不甘。总会被人问起，你过着很多人羡慕的生活，为什么还是会有这么多情绪?

我想了很久，大抵是我不够淡定。

法律人最大的优点，就是善于承认，善于接受，我无法接受自己现在的处境，但却可以由内而外地接受我作为一个二十出头的人该有的躁动和放肆。我憧憬着淡定，却又躁动着自己的生命。淡定的人生如同桥下的水，安静、祥和、静谧，不会受伤，也不会伤害他人；躁动放肆的人，有能量，但是能量迸发的时候总是会伤害到爱你的人，更会伤害到自己。

因为不够成熟，所以我现在还没有到我憧憬的状态，还没有抵达平静。一个朋友说过一句话：“也许若干年以后，我不会再写书、不会上电视、不会再活跃在你我的眼前，但我们应当记得那一段我们互相温暖的日子。”权当这样吧，我以后可能会成为一个像宋冬野那样豁达的胖子，常怀理想却又不放肆追逐。但如今，我应该做的或许就是做桥上的车，享受一下为生命、为生活、为理想躁动的点滴。

所以，宋胖子会在《董小姐》最后加上一句：“躁起来吧，董小姐。”

每个人的生命都是一个循序渐进的过程，我说大抵是我不够成熟，无法过渡到那个理想的状态。就像小的时候，你听你爸爸告诉你：“应该早睡早起，这样对身体好。”“晚上睡觉要盖被子才不会感冒。”你不知道为什么，问他：“我就是要出去疯，才十点，睡啥啊！”等你上了大学，看多了大学生熬夜猝死的消息，发现自己不再像小朋友那么有顽强的活力以后，你就会发现这个道理很简单。如此简单的道理尚且需要成长来消化，从躁动到平静，对我而言更需要时间和经历，我想对你们来说也是这样吧。

我已不会再对谁，满怀期待。
我知道，这个世界，每天都有
太多遗憾，所以你好，再见。

樱木花道精神

井上雄彦，在一个没有特技、没有3D的年代，用略微夸张的故事，给所有抱着漫画或者放学回家等着电视里放映动画片的孩子一个做梦的机会。很多像我一样的小毛孩儿，也是从那个时候开始喜欢篮球这项蹦蹦跳跳的运动的。

看完《灌篮高手》这部热血的动画以后，樱木花道和流川枫简直是地球的南北两极。樱木花道的性格大大咧咧、不修边幅，属于不良少年，但却青春热血、敢爱敢恨，初中三年时间被五十个姑娘拒绝。这件事情放到现在简直不可思议，至少我看到的有1米88的身高，并且颜值过得去的男生，很少被拒绝，这说明樱木花道确实点儿背。但是在遇见晴子以后，他的人生可以说是迎来了新生，至少这一年，有且仅有这一个女生没有拒绝他。

如果用我们惯用的眼光来看，樱木花道无疑是个loser（失败者），至少相比流川枫来说确实如此。流川枫虽然比樱木矮，但1米87的身高也满足了高富帅的基本条件，甚至说高过日本平均身高很多。其次，帅不帅？许多女生说，认真做一件事的男生最有魅力，那流川枫偏执而又努力的性格，加上简直完美的外表，他看起来绝对是个内外兼修的花美男。再说富，三五天之内因为撞坏车而毫无压力地换一辆新单车，就说明他在20世纪80年代的日本绝对是个富人。而且，他想去美国就能去，不用在乎奖学金和GPA。另外，国中的流川枫就能穿着Air Jordan 4 水泥灰。而相比之下，樱木花道只能靠讹球鞋老板才能骗到一双鞋。

小的时候，我很羡慕流川枫，每周能换单车，可以穿好看的球鞋，可以打自己喜欢的篮球，并且上课只需要睡觉。但是，时间久了，随着自己的长大，我慢慢发现樱木花道那种生活对我来说更加可贵。

我跟他一样，打篮球入门很晚，上高一才差不多正儿八经地打球，靠着抢篮板来刷着自己的存在感。

樱木花道是个乐天派，就像我在《聪明人的笨功夫》里面说的那样，他活在自己的世界里，觉得自己并不输给任何人，每天告诉自己“我是天才”来给自己打鸡血，天生的红头发加上大大咧咧的性格，这样的男孩儿值得每个人用欣赏的眼光去看待他的内心世界。

说到内心，日本热血动漫都会给主角一个这样的设定：从一个“单细胞乐天派”经历无数的故事，变成一个“单细胞但有责任感的乐天派”，最后变成一个“单细胞不仅有责任感还有上进心的乐天派”。无论是《灌篮高手》还是我最爱的《龙珠》，抑或是《火影》和《海贼王》，男主都是如此。

樱木花道给我的感动正在于此。我印象最深的有两个镜头。第一个是在和海南师大附中的对决中，流川枫和樱木花道两个人在更衣室就过错问题引发的争执。那时候的樱木花道论球技肯定与流川枫无法比，但在樱木花道的眉宇间，可以看到漫画家体现的那股想要把球队扛在肩上的精神。第二个则是樱木花道一个人跑到大阪去参观全国大赛球队训练的场景。在一个偶然的机会下，他和一个叫森重宽的名朋工高的球员“擦肩而过”，但是对于他来说，却是一次猛烈的撞击，无论是内心还是身体。那个眼神，也许是“无脑单细胞乐天派”第一次表达一种对于对手强大的忧虑。

热血动漫给一个人的感动不仅仅体现在青春、理想和积极向上，更多的应该是让人看到主角在故事发展过程中的那种成长。当我们看着一株树苗长成一棵大树，自己养的小奶狗变成一只可以看家护院的“忠犬八公”，父母看着自己的孩子从婴儿到长大结婚生子……都是一件件令人感动的事情。所以，樱木花道对我最大的触动就在于这样一个“小人物”在生活中的不断成长。

成长更多的是内心，而不是外在获得了什么。每个人都是一个独立且不一般的主体，我们按照社会一般的价值标准来打造自己，只会让自己成为现代社会培养人才流水线下的一种类物。以内心为轴的发展，才会更具有特色。

前面也曾说到，我小时候喜欢流川枫，因为他身上具有所有男生梦寐以求的东西，包括追求者，但是成长于我而言，便是发现樱木花道身上的那些优点。

在真正喜欢篮球、懂得篮球的人眼中，樱木花道都算不上一个大明星。他入门晚、没有进攻技巧，除了爆棚的身体天赋似乎别无长物，早期仅有的一两次精彩扣篮还被冠上了进攻犯规的帽子。在球场上，也一直干着防守和抢篮板这样的脏活累活，可是他却依然有拼劲和干劲。这种与主流价值观格格不入的基调更让人明白：这样的“小人物”往往最让人心生敬意。

从开始到现在，篮球对于我，是一项美好而又热血的运动，但是我和樱木花道一样，除了抢篮板和防守也不会其他的，“小人物”上篮和投篮似乎总给人不靠谱的感觉。我们也一样，爱着这项运动。从头到尾，我在篮球上获得的东西远远不及在学业和工作中获得的成就感，但正是这样一个青春热血的运动，让我懂得，即使你在有些方面予取予求，也总会有你薄弱的环节让你一筹莫展，但是至少你很快乐。

我想在看这本书的所有男生，都或多或少看到过这样的场景：体育课后，班上一群男生冒着蒸汽围着饮水机，一边大口狂饮，一边抱怨刚刚那个球没打进或感慨谁谁谁在刚刚进了一个漂亮的好球。这是青春，是热血的青春。我们未必都像科比、詹姆斯那样有着逆天的身体天赋、出色的篮球嗅觉、羡煞旁人的篮球智商，也未必每个人都能成为巨星，但是对这个运动单纯的爱便是我们的快乐来源。有些人甚至一辈子都打不好篮球，但他依然爱篮球，依然会执迷地看NBA、买篮球鞋，这便是一段不需要理由就可以让自己开心的岁月。

曾经无数次，我在篮下上空篮不进被队友打趣黄油手、下快攻球砸到脚上只能抱着头对着队友笑一笑说声“sorry”或者“我的错”。但是，我也会在蹦得很高的时候摘下篮板，然后长甩给前面快下的他们一个好球，或者兴奋地冲入禁区跃起补一个篮。篮球当中，没有对错，因为你这场球没打好，并不会影响你的学习、你的人生，它只会让你实现快乐的纯收益。

如果说流川枫代表的是一段完美的人生，那么樱木花道则代表了一段更纯粹的篮球时光。我们不能因为能力欠佳而丢掉理想、丢掉责任心、丢掉团队，告诉自己无论水平多么有限，我的心中始终有胜利、有伙伴、有追求。

即使再渺小，也有做梦的权利

如果现在，你周围有一个一无所有的人对着操场大声喊着自己可以征服全世界，你一定会在内心由衷地说一句“傻×”，然后转身离开，觉得这个人青天白日梦做得真大。我们总是去嘲笑生活中一些敢于做梦的人，并且用自己所谓的理性去误解他人的梦想。

刚刚入学的樱木花道，空有一个好身体，是个一无所有的人。为了女生、为了耍帅进入篮球队，在自己还没有任何技术甚至连球都抓不稳的情况下，就敢在球馆里大声喊出想要称霸全国的话。当时，我看到这一幕，觉得他很伟大，也许我和樱木花道一样单纯得让人觉得可笑，至少在我看来，他确实做了一件我一直想做而不敢做的事情，就算他在吹牛。

荣耀、赞美和鲜花是一种光环，但这种光环仅限于那些呼风唤雨的成功人士。但是，生活中可以出人头地的人始终是少数，即使没有出人头地，每一个平凡的人都值得获同样的鲜花和赞美。

生活中，每一个平凡的个体，都有着自己的亮点，我们不乞求自己可以像那些社会名流、职场精英那样成为别人眼中的龙凤，但是我们为了自己的一个小想法、一份小感动而迈下的每一步都值得被褒奖，因为：每一个渺小的人，都有做梦的权利；每一个做梦的人，都有努力实现梦想的权利；每一个实现梦想的人，都有从这段实现梦想的过程中获得褒奖的权利。

看过太多的人，天资过人，无论是读研还是出国，抑或是工作顺风顺水，最后被人奉为大牛。确实，他们在世俗的眼光中很成功，我个人也确实觉得他们身上有很多值得学习的地方，但聚光灯不应该只停留在他们身上，因为还有很多人，身上也闪烁着光芒。

我们学院篮球队有一个台湾的学长，他似乎不像学校里其他的台湾人，因为他并不善于交际，也很木讷。生活中，他喜欢跟舍友一起玩，也喜欢和球队的人一起。由于他最好的朋友是几个党员，我们也总开玩笑说："台胞马上就要入党，那你还怎么回去服兵役？"

我源于学生工作认识他，却因为篮球开始敬佩他。他技术很糙，速度也不快，身体在我们这些人眼中也稍显笨重，但是每次开会结束，他总是在队长表态前跟我们这些人说："法学院虽然男生很少，但是我们也要去拼，先拼出线，再拼四强，进而拼冠亚军。"其实说实话，他当时的球技也好、身体素质也好，还是在球队的角色也好，都不能说是一个顶梁柱。另外，我们学院自始至终也不能算一个老牌体育强队。如果是任何一个没有和他在一起打过球的人，听到这样一番话，都会觉得这家伙疯了。但是，在大一一年的篮球生活中，我在球队的每一分、每一秒，都能感受到他身上的踏实和拼劲。一种小人物带着梦想和渴望，伴随着球鞋和操场的每一次摩擦，那种追求都能从中迸发出来。

结果也并没有像偶像剧一样，或者励志鸡汤那样——我努力了就会有结果。生活毕竟是生活，我们没有出线。

队长和指导摔了毛巾，抓着自己的头发，吼得声嘶力竭，大一的我也在那个时候明白了什么叫作渴望。换句话说，什么叫作梦想破碎的样子。那个学长安慰着队长，也埋怨着自己，用一口台湾普通话劝着："既然输了，我们就别太在意，以后继续好好练习吧，我投篮很菜，但是我会尽量练习。"很简单的一句话，没有鸡汤，没有太多煽情，因为兄弟之间早已知道，一起拼过努力过，好像遗憾也是很美的。

过了一会儿，他拎来一筐啤酒，给我们每人发了一瓶，然后一言不发地喝完了一瓶，说道：“我们才大二，还有机会。”

确实，生活不是偶像剧，没有那么多主角光环，我们会失败，我们也会明白并不是所有东西都能用努力换来，但至少我们现在不是一无所获啊。整个球队，在学校二十多个学院当中，虽然只是“小人物”，但是无论有多大的期许，我们都希望有一种法学精神、一种小而强的精神去筑成一道有梦想的“小人物”的风景线。

四年来的篮球生活，一直贯穿在我耳朵里的一句话是“法学法学法学，加油加油加油”。十二个字，满满的“小人物”精神，当我们一起踩在篮球场的地板上，经历着场地从水泥地变成塑胶场，但是我们这样一个做梦的态度确实从未改变。

法学院篮球队在2010级学长的带领下，开始做着这样或那样的梦，这个梦不是躺在床上想出来的，而是一遍遍拍打篮球、一遍遍在操场上跑着讨论战术、一遍遍在篮下喊着防守换来的，所以我们即便承受了失败的风险，也享受着做梦的权利。

周星驰的那句经典台词：“人如果没有梦想，跟咸鱼有什么分别？”正是对这种小人物的大梦想的最好解读。我们既然可以脚踏实地，那么我们就可以仰望星空。我们的躯体可以很小，我们的影响可以很小，但是，我们的梦想可以很大。

单细胞的特权，不在乎别人的眼光

同样是灌篮，同样是樱木花道和流川枫。我们看到最多的镜头，大概就是兴致冲冲的樱木花道在训练的时候摘下篮板，大笑着说“我是天才”的口头禅；然后流川枫的卡通形象出现，叹一口气，也会说一句招牌口头禅——“真是白痴”。

确实如此，对于每一个逐梦者来说，你没有充沛的精力和强大的内心，却选择了一个看似遥不可及的梦想，在一些比你更靠近这个梦想的人看来，你确实很白痴。一如樱木花道喊着“我是天才”“我们要称霸全国”的时候，流川枫、青田龙彦、福田吉兆和樱木军团的死党们都会说他是白痴。“单细胞”的魅力就在于，面对一切质疑和嘲笑，不会理会，也不去理会。

宫城也好，三井也好，甚至晴子都曾经感慨，作为一个“单细胞”生物，樱木花道身上有一种特殊的魅力。如果说表面是面对嘲笑和质疑的不以为然，那么深层次就是一种自我和专注，在这样一个精力集中而不言他的人面前，我想每个人都能被这样一种专注所震慑。

去年的现在，我刚下定决心要考研，而且选择了自己最爱的学校和最爱的城市。作为一所法学名校，很多前辈也曾经在这片战场上鏖战过，2010级的前辈们也正从战场走下，无奈一一落败，都收拾着行囊，准备开始新的生活。

取经，是每一个晚辈和前辈交流时的必备环节。落败的学长、学姐规劝你，说如果你对这个学校有十足的准备，无论你多聪明，考上都是小概率事件，希望你可以吸取他们的教训，不要把目标定得太高，找一个可行性强且不那么累的目标。可能自己少不更事，可能自己经世莽撞，可能自己心高气傲觉得人定胜天，但凡努力就能收获梦想开出的果实。

事实证明，我确实鸡汤喝多了，上火。考研砸了，这件事情辐射了我整个2015年的第一个季度。我开始自我否定，开始想着是不是自己是个卢瑟（loser），我似乎把考研当成了我的整个人生——我输掉了。

很多人都在问我为什么放弃保研而去考一个录取率仅有3%的学校。虽然我确实有一些小名气、有过一些小成绩，但似乎我自身实力相对于这个理想而言，也恰好是一个“小人物”，这就是一个大大的理想。当我在规劝和教导中选择做一个“单细胞”生物的时候，我就认定了我只想做这件事，并且把这件事做到我所能做到的最好，以便让自己无从后悔。

就这样，我在夹杂着些许质疑的鼓励中，走上了考研这条孤独、执着、寂寞的路。大概是我太多愁善感，但是每个经历过考研的人都知道，那是一种比高考强度更高的精神负荷。我并不是躺在床上做梦的，我也是每天学习11个小时的人。买早饭、泡咖啡上自习，吃午饭眯一会儿自习，吃晚饭自习，感觉把自己的生活活脱脱变成了一锅“我不懂孤独，我只是全力以赴”的心灵鸡汤。

我去律所和先前指导我的老师聊职业的问题，考虑是否留在厦门工作，吃饭的时候妈妈给我打了个电话：“知道你现在难过，我跟爸爸都知道，如果当初你不去考研，现在你也会嘟嘟囔囔说自己的理想没实现。现在考差了没考上也好的，努力过了就好，先安心工作，别的我们以后再打算。”

我听电话的时候，已经饿了一天，吃着猪蹄和韭菜炒蛋，哧溜哧溜的吃得开心，心里却很复杂。也许是内心的骄傲第一次和现实如此接近，第一次如此对事实感到无奈，我想这就是生活。

一年前，我明白的是鸡汤：所有你想要的东西，你必须无比努力地去争取才能得到，而且如果你付出了就一定会有收获。一年以后，我明白的是生活：并不是努力就能换来一切你想要的，我们一面要保持专注、看淡质疑，另一面又要做好失败的准备，那种像灌铅一般的沉重感，那种需要一根烟来缓解的挫败感。

一年前，努力是生活的全部；一年后，发现挫败感也是生活的一部分。

同样是考研，宿舍一共四个人，三个考研党。两个落榜，一个高中。我们几家欢喜几家愁，也经常夜聊的时候互相寒暄，我问那个跟我一起考一个学校的舍友（简称A）："你后悔考研吗？"

"不后悔，因为我想变好只能考研，而且我足够努力了，没考上，我就再考一次。"

作为成功者的B，也笑着对我和A说他自己是运气好。我们明白，每一次得与失，都有实力和运气的共同存在。

B在决定考北大的时候，距离考研也仅有三个月不到的时间，他也承受了许多质疑。其实，他大二就开始用心学习，每次只坐第一排，经常找老师问问题、聊聊看法，我们当时还打趣说他装13。但是，他似乎知道自己想要的就只是好好学吧，所以直到最后决定报考北京大学国际经济法专业研究生，他也并不是一个成绩很优异的人。

我和A在考研期间一直存在着一种你追我赶的势头，B也笑着说我们给了他很大的压力，但是似乎他内心紧张着，表现得却胸有成竹。他不紧不慢，不卑不亢，专注学习，似乎没那个精力去管外界的东西，加之以前做“伪学霸”、和老师聊天的积累，他的专业分最后格外地高。

他去参加复试的那天晚上，我们宿舍又聊了一整晚。我和A两个卢瑟一直说B很厉害，当时面对那么多的非议和质疑一路走到今天。我长叹一声，自己的北漂梦破碎，也感慨B确实是一个樱木花道一样的“单细胞”生物，所以骄傲地说“我是天才”也是应该的。

当下，我已经决定了要工作，拿到律师执照再申请出国深造。而A同学，那个和我一起落榜的孤独患者，毅然决然地决定再考一次，目标不变。

我和另一个早就找好工作的舍友C都劝他。我说，考研并非全是实力，有政策、有实力，更有运气，我们无法完美地规避这些风险，你又何苦冒险再去让自己劳累一次？C也在一旁说：“你为什么不能试试别的呢？至少找个工作也能锻炼一下自己呀。”

A说了一句话很有分量：“我既然输了第一次，就不怕输第二次啦，可能我会考不上，但也可能会考上啊。”

这句话说完，宿舍里很安静。我躺在床上看着天花板，希望这个“单细胞”的舍友可以二战收获成功，虽然结局我们并不知情。

我们既然可以脚踏实地，
那么我们就可以仰望星空。

心里多了一万只兔子

一

最唏嘘并感动的事情，莫不如从前的好友多年没有联系，偶然得见，不是因为结婚叫你随礼，而是单纯和你坐着聊聊天。高一一个和我一起打球的同学偶然在QQ上线的时候聊起了一些往事，说还记得我高一的时候喜欢的那个姑娘。

转眼七年，一切都变得很快，境遇与情绪换了一遍又一遍，我们更迭着自己的处境，却始终忘不了第一次怦然心动的感觉。初中虽然有过一些情愫，可始终夹杂着友谊的味道，而这一次，是第一次让我感受到青春期这个神奇的时期和激素这种类固醇激素在自己体内发酵所产生的化学反应。

像很多青春题材的电影一样——一个普通男生喜欢女神的故事，结局也大同小异，大同是因为最后没能走到一起，小异是我始终没能“推倒”她。

唯一一部让我从头到尾看完的青春题材电影，叫《青春派》。男主角是一个少不更事的毛头小伙，喜欢一个穿着白色T恤、脸上总是带着笑容的黑长直女神，他有过唐突得让女主莫名其妙的表白，有过一段补习的岁月。青春就是这样，每个人都能从作品中找到共鸣，但更多的是自己独一无二的记忆。

本来，我和她是两条平行线，就像我们在两栋不同的教学楼里面上课一样，也许一辈子也不会认识，也许一辈子也不会说话。临川一中是一所很大的学校，就像一个迷你的大学。我和她不是一个年级，不在一个教学楼，更不是一个世界的。我住在学校，她租了房子住在校外，因为这个，我们好像更不可能认识；但也因为这个，给了我每天都能见她一面的机会。

一如每个青春期萌动的小伙子，我喜欢一个姑娘会让周围所有玩得好的人都知道，他们会起哄，我也很乐意被起哄。至少在那一刻，我单方面宣布，我和她在一起了。可是，我却不知道她叫什么，我也管不了那么多，因为潇洒的青春没有那么多为什么。

整个高一暑假补课的那段时间，我的心里一直都像养了一只兔子，趴在窗户上看这个女生每天从这里走过。她走过以后，我又转向阳台，看她从二号教学楼楼梯上走下。我第一次知道这种滋味被叫作“暗恋”。我记住了白色帆布鞋、卡其色的短裤和白色的印着“supergirl”的T恤，她是高二（17）班的，我开始觉得这些都不够，我必须做点什么。

2009年6月8日，是我第一次见到高考解放的学长、学姐的样子，也是第一次看到她考试。高考集中营，从很久很久以前就有了，当届高三高考完的那一天，全校不再有高一的了，原来高二的那帮人参加了原题高考以后，他们就已经是高三的了。也就是那天晚上，我看她背着书包进了第四教学楼二层的第三个教室，文科十考场。

有句话说，恋爱的人智商都减半，暗恋的人智商减完。我一直认为不是减掉的，而是把智商拿来看对象了，就像我那阵子会把所有的聪明才智放到怎么认识、怎么了解这个姑娘身上。下了晚自习，我跟几个死党说我要去办件大事，他们很好奇我到底想要干吗。当我跑到二楼踹开门的时候，他们仍然不懂我到底想要干吗，直到我趴到墙上从名单里找17班的名字的那一刻，他们才反应过来原来我在找她叫什么。

那份名单上像女生的名字，并且是高二（17）班的女生有且仅有两个。当晚回宿舍后，我就用这两个名字为对象写了一封情书，准备第二天递给她。于是第二天，我做了这辈子第一次堵人的事情。把她拉到走廊的边上，我没有像居然给黄晶晶念泰戈尔的诗那样浪漫和镇定（电影《青春派》里的情节），更多的是心被吊在嗓子眼的慌张，平时口若悬河的我在这个时候就像心里多了一万只兔子。

我稀里糊涂地问：“你是不是叫某某某？”那时候在她眼里，我仿佛就是一个神经病。我掏出来跟她对上号的信递给她：“这是给你的，你拿着看吧，我走了。”

楼下的死党们都等着我下去跟他们说我凯旋的消息，但是我把情节描述了一遍以后，他们一致认为我像是去帮别人送东西的，别人哪儿知道是我喜欢她。

如你所想，一切顺理成章的事情是没有记录的意义的。当然，这封信从给她的那一刻起，就注定没有结果。但是对我而言，那时候的我，并不是一无所获的，至少我知道这个姑娘叫什么名字了。这对于一个高中生来说，算不上美妙，但那种幸福感溢在心头的感觉或许是第一次吧。

二

焦灼的等待，没有耐性，是许多十六岁直男的通病。一封所谓的情书，在仓皇地送出以后，似乎并没有换到任何结果。当然也不可能有音讯，因为那个年代没有手机、没有微信，我们只能用最朴素的方式追逐着最朴素的感情。我在信里面说，如果可以，我们周五晚自习以后在楼梯的消防栓那里见。我如约而至，她却始终没有到来。

出人意料的是，我没有难过，只是拍拍消防栓上的玻璃，想象着她会来，然后静静地走掉。回宿舍的路上，我没有怪她，脑子里想着的全都是下次见到她的样子。

就这样，惴惴不安的情绪延续了一周，我的耐心似乎也烧完了，受不了这样的独自等待。我便火急火燎地跑到学校门口的文具店，从兜里摸出几张皱巴巴的一块钱纸币，跟老板要了一瓶矿泉水和一本精美装帧的信纸本。回来之后，我撕下一张纸，捋平以后，拔掉中性笔的笔盖，把笔盖夹在耳朵上，这节语文课，我打算写一篇美文。

时间过得很快，二十分钟以后，我好像只是歪七扭八地写了她的名字。她的名字只有一个单名，我翻开手边的《现代汉语词典》，看到这个字的解释和常规用法，这个字的意思是一种光彩，泛指很多美好的事物。虽然只读懂了这个字，我却仿佛读懂了她一样，兴奋地和周围那些一样坐在后排的男生说着我的“新发现”，但被他们嗤之以鼻地叫我“傻×”，也被老师质问道：“邱汐岩，你为什么上课又要说话？”

这节语文课我什么都没有写，但是我莫名地开心。从给她写第一封信开始，我们什么进展都没有，但我依然莫名地开心。也许这就是青春吧，喜欢一个人，完全就是只要一个人的意愿，而不是两个人的相投。

然后，我还是在两天内紧赶慢赶地写出了一篇和上次那封信的风格迥异的文章，像自己心中的所思、所念，假装诉说着衷肠。那天是周二，集中营每周二都会考化学，而我作为万恶的化学课代表必须坚守最后一班岗。在我收卷子的时候，我看到那个白T恤的黑长直从我身边走过，我的内心在小鹿乱撞和“职业道德”之间陷入两难。

这时候，狐朋狗友发挥作用了，我的一个好朋友主动请缨帮我送情书。于是，我看着他飞奔着帮我把信交到女孩儿手里，再看着他一脸坏笑地回来，我感觉一切都棒极了。但事实证明我想多了，为什么这里是狐朋狗友，因为他的一脸坏笑纯粹是出于对我的嘲讽。

但是这次的信，应该是这个暑期补习的最后一次，因为周五就放假了。

集中营的高三，往年是要在老校区上课的，我想着她可能也要回到老校区去完成自己的高三，或者是梦想，或者是任务，或者是解放的高三。

青春的悸动就是如此，来得快，去得也快。当我一直以为以后可能再也见不到她的时候，我并没有难过。本来就是两条平行线，我强行拉扯，送了人生中第一封情书，于我而言已经是一段美好的回忆了。

6月底的临川，白天很热，晚上却很凉。我穿着短袖在蟋蟀叫着的校园里，提防着蚊子，却又仰望着星星。这里的空气不像厦门的那样湿润，很干爽，并弥漫着被太阳烤了一天的青草的味道。

直到现在，每一个初夏的傍晚，我都喜欢呼吸这样的空气，因为这种气息标记了我的那段时光，也标记了我第一次为一个喜欢的姑娘而做的很多傻事。

人生之所以狗血，是在那段躁动的年华里，大多数人都错过了彼此。后来，我们成了不错的朋友，她鼓励我高三的时候要好好学习，告诉我如果考进年级前一百会请我吃夜宵。我把高三，也是这辈子跟她吃过的仅有的两顿饭，其中的一顿里吃的东西，都记得很深刻，也记得了她是一个爱喝绿豆汤的女生。

再次遇见，我们的人生似乎已经失去了交集。去年五月，我总觉得自己有一件事没做，却总是无法确凿地告诉自己忘了什么，直到有一天登录一个账号看到那个熟悉的ID，才记得，二号是她的生日，我却忘了祝她生日快乐。这个保持了几年的习惯，说没也就没了。我才不禁想起，这一切过了太久，我大学都快要结束了，她也成了我过去那段时光的一个印记，停留在那里，镌刻在过去的轨道上。我们都会有一段像青草一样的过去，也许再也无法回去，但总会怀揣着对爱情这种神秘情感的期许，去继续着自己的青春，和一个真正有缘的人，过美好的下半生。

美好的过去，从不凋零，它只是慢慢淡去，在那种青草的香气中，被慢慢记起。

也许这就是青春吧，喜欢一个人，完全就是只要一个人的意愿，而不是两个人的相投。

马戏团

对于一个双子座的人来说，或许最重要的两个词就是“新鲜感”和“自由”。自由是双子座的生命线，也是所有社会人的生命线。社会上每个人看起来都在拼死拼活地挣钱养活自己，说到底也就是为了能在有朝一日让“钱”这个俗套的字眼不再束缚自己，比如工作日偶尔睡到自然醒不用担心被扣奖金和绩效，比如随时随地就能有一次说走就走的旅行。

自由，在我们学法律的人看来，是一个熟悉又陌生的词。我们说没有绝对的自由，自由是在秩序规范下形成的相对自由，如果每个人都向往绝对的自由，那对于整个社会而言就是一场灾难。所以，不难得出一个这样的结论：社会人都在一个框架当中，去追求自己可以取得的最大自由。

坊间有句话，叫“有钱就任性，没钱就认命”。说实话，这也是间接地表达对有钱任性的一种艳羡，对于他们的自由有一种期待。

有一天去上班的路上，我用流量刷着手机一个音乐软件上的音乐电台，无意间听到一首范晓萱唱的歌，叫《马戏团》，来自《绝世名伶》。第一遍听，我觉得这就是范晓萱一贯的风格，童真的嗓音唱着一些可有可无的情绪，来描述自己的内心。后来第二遍听到时，注意了一下歌词，感觉并不像我想象的那么简单，倒像是以马戏团里面的动物来比喻某种现象。这一刻，我像极了语文老师分析鲁迅、史铁生和贾平凹之类的文人一样，试图去揣度这首歌背后的深意。

乐评人说，范晓萱的这首歌是小S徐熙娣作曲、作词，范晓萱用那种做作的童声来唱，像是范对自己以前表演的一种自嘲，歌词也是很值得思量的。配乐和节拍都很马戏团，是看似简单却有新意的一首歌。联想到范一直以来都是一个个性歌手的形象，也许曾经的那种演出风格和歌手形象，让她感觉并不是在做一个真实的自己，对自己的自嘲更多的是因为她看低自己，无法用自己的思路活出自己想要的样子。

一个理性人，一个社会人，行为必须受到约束和限制，但是在规定范围以内，我们却可以做一切“法无禁止即可为”。

人们总说，要在有限的时间内活出最无限的色彩。自由就是色彩的基础和前提。

说到这种不自由与不痛快，或许我的感触是很少的，因为从小就是一种被放养的状态，什么事情都自己做决定，什么事情都自己想办法。所以，现在大家看到的邱汐岩真的是个很纯粹的人，而很少带着他人的思维习惯在生活。很多朋友很羡慕我，而这种羡慕往往来自那些家庭条件丰厚的同学和朋友。

世界上最爱你的人往往是你的父母，最可怕的人往往也是你的父母。可怕并非来源于厌恶，而是他们自己的主观主义和对自己孩子没有来由的爱。看过很多电视剧，大概也就知道有钱人家的孩子都会有一个很强势的爸爸，他会为自己的孩子安排好一切，比如上什么样的学校、结交什么样的朋友、以后来接自己的班、要和什么样的人结婚才能有一个美满的家庭等。孩子往往明明知道父母是为了自己好，才事无巨细地安排，从细枝末节到人生航向的种种，可是他们的悲哀是不能按自己设计的路线来做事情。

也许不仅仅是有钱人家的孩子才这样，每个平凡的家庭都会有这种对子女不由分说的安排和照顾。但是对于有钱人家的孩子来说，他们很难证明自己，要拿到超越自己爸爸妈妈的成绩才能跟他们说：“你们放着，让我来。”

前阵子跟妈妈打电话，因为我要工作了，虽然从知道考研失败的结果开始到现在有快半年的时间给我调整，但心里还是有这么一个弯很难绕。给妈妈打电话经常谈谈自己接下来的每一步想要怎么走，也谈到毕业以后不想跟家里再要钱了，即使日子苦一些，我也想自己养活自己。妈妈说得最多的就是：“我们是普通家庭，你现在见过的、知道的、想要的都是我和你爸爸跳起来也够不着的东西，我们俩能做的就是全力支持你，以后等你需要帮助、需要休息的时候来找我们就好。”其实有几次都是在坐公交的时候找时间跟爸妈打电话的，公交车一停一动完全让我一个晕车的人无所适从，下车之后一边吐一边胃里泛酸。除了晕车，也许还有一些心疼自己的父母。

一次和一个家庭条件很好的朋友聊得很晚，他一直以来最怨念的就是自己的爸爸太强势，总是企图将他的人生也当作自己的事业一样，要规划、要操纵、要把控、要你言听计从。他过着外人都羡慕的生活，比如开着跑车，比如境外户口让他在奖学金和政策上享受着很多我们无法得到的福利，但是他最头疼的也是他爸爸。他觉得他爸爸对他来说，即使生他养他，但是他们始终是两个独立的个体，他可以不要跑车、不要那种港澳台户口，他只想要一切都自己做决定，一切决定都能得到父亲的尊重。

“感觉自己就像宠物一样，他给我钱、给我车、给我买房，只是想用这些糖衣炮弹让我去做所有他喜欢的事情，然后让他开心。无论出国还是工作，我都没办法自己决定，我觉得我过得也蛮没意思的。”

应了一句老话：“你所羡慕的，恰是他所厌恶的。”

> 有吃有睡/还有同伴的安慰/有哭有笑/灵魂早就不见了/花儿再香天空再蓝/小鸟在飞人都回家/只剩黑夜里我一只玩具在哭泣/没人在听/自由自在多么逍遥/有时候担心被老虎吃掉/生命因为这样才美丽/不要活在别人手里/就算可能会饿肚子/也要让生命有尊严

本身出身大富大贵之家就是一个围城，社会上绝大多数人都为此趋之若鹜，但是一旦得到了一些别人羡慕的东西，就开始有种身不由己的不适应。

我虽然叫邱汐岩，姓邱，但是我并不是阿Q，我不会自我安慰或者自我麻醉地对那些人的生活完全不羡慕甚至不屑，而鼓吹自己的生活多么好。我通常告诉自己，有些东西既然羡慕不来，为什么不多看看自己有什么呢？以前在同道大叔那里看到一篇对双子座的解读，大概是说，双子座的人一般都好财、好色、好虚荣，但是如果要拿自由来换，对不起，我们不换。

大概说的就是我这种人吧。就比如找工作，我一直不喜欢公务员、不喜欢国企、不喜欢大公司，虽然去了大公司会感觉自己的逼格很高，但是我要那个逼格干吗，如果我连自由都没有了？律师这个职业，对我来说除了有一种特殊的吸引力让我去学了法学外，更多的还有一种自由的感觉，不用打卡上下班，没有一定要加班的时候，很多事情只有你想做而没有你必须做。

我很感谢父母对于我自由的成全和理解，也感谢自己能够有让父母信任我的资本。俗话说："儿大不由娘。"我妈似乎从我小的时候就明白这个道理，所以也不会给我太多的约束，甚至绑架。他们除了是父母，更多的时候像是两位师傅，徒弟每天做的事就是把生活当作一场修行，而师傅要做的就是领你进门，然后靠你个人修行。

比如升学的关口，他们会问我自己想去哪儿读书，然后问我为什么。我以前也是一个总说不上为什么的人，后来在被问多了以后，才知道很多东西需要去权衡利弊。爸妈也算同龄人里面高学历的人了，我小时候不听话，经常有些莫名其妙的"朋友"给我爸妈建议，说："小孩调皮捣蛋没事，打一顿就好了，你们家邱汐岩很聪明，如果服从管教，将来绝对是清华、北大的才子。"对名校本来就没有什么追求情结的我当时就毛了，不过还好爸妈有自己的世界观和方法论，他们自然知道我的想法和思维，他们更明白一些态度的养成需要靠自己，打能打出一个出色的孩子，但却无法让他成为一个出色的人。

虽然我现在无法如预期一样在顶级的两所学府学习，但是在厦大的四年对我来说，也是一段弥足珍贵的经历。至少我在这里，以及我人生的前面十八年，用自己的行动和想法去一步步养成了自己独立的人格，世俗但不庸俗地生活，忧愁而不忧伤地快乐着。就在写这篇文章的时候，一个朋友问我："你快乐吗？"我说："不，但我会苦中作乐，因为只要自由，就有快乐。"

越到要进入社会的时候，我就越怀念作为学生的那段自由的时光。正是自由让我做一个想我所想、行我所想的人，这短暂的四年收获了这些让我视若瑰宝的东西。

一个朋友问我：“你快乐吗？”我说：“不，但我会苦中作乐，因为只要自由，就有快乐。”

晃动的镜头

总会有人问我喜欢看什么书、看什么电影、听什么音乐，然后让我聊聊我爱看的那些书和电影给我带来了什么。我通常都说，书已经很久没有看过那些值得向每个人分享的了，随着学习和工作的需要，读的书也越来越专，对于那些长篇小说、文学名著的涉猎开始变少，而对于那些司法、律政、哲学方面的书倒有一些接触。

我想，对于我这样一个浮躁的人，电影反而是一个更好的放松方式。相比书需要更加心平气和的状态来说，电影这样一种声音、图像复合的剧情表达，更容易让人进入那个意境之中。

我曾看过很多的电影，相比时下热门的影片，我更喜欢去反复看那些被时间检验过、历久而弥新的作品。

最粗线条的话，说最细腻的事

《煎饼侠》的上映，让人们在荧幕上再一次看到古惑仔的风采。关于《古惑仔》这部系列作品的回忆和质疑也不断出现。坦白地说，《古惑仔》给我的是一段快意恩仇的回忆，当初的我很难读懂太多深层次的意思。对我来说，另外一部打打杀杀的电影——《热血高校》给我的印象则更加深刻。

和所有由漫画改编的电影一样，这部片子从某一个侧面去再现原版漫画，给所有看过原著的人一个全新的视角来理解作者高桥的核心价值。但与大多数改编电影不同的是，大多由著名漫画改编的电影，除了美国的漫威，似乎都评价不高，觉得鸡肋偏多，但是《热血高校》的一、二两部在我看来都是很不错的作品，三、四部把小栗旬撤下以后，我一直没有燃起去看的欲望。

起初，这部片子给我的感觉是——“燃”。一、二两部我都反复看了不下五次。每一次看，总是能莫名地激起我工作和生活的热情。

“燃”

不知道什么时候中国开始时兴这个词，之前看的那些动漫比如《七龙珠》《灌篮高手》，都是很“燃”的漫画，总能让我们看得热血沸腾，好像赢了比赛的是我们、拯救世界的是我们。

第一次看《热血高校》，开头看到硕大的几个字——“铃兰男子高校”的时候，我才知道他们的“高校”是指我们的高中。泷谷源治和芹泽多摩雄都是高三的学生，但是他们身上的戾气却比中国很多混混更重。他们的高三也和我们的高三完全不一样，甚至，他们的生活与日本大部分高中生的完全不同——可以理解为一个架空的社会。

大多数人，包括我，看《热血》的第一印象就是一言不合就开干。感觉真爽！诚然，并不是每个人都有机会成为一个那样的人，耐打、会打，并且对学习毫不关心。荀子一直以来贯彻的观点——“性本恶”是对这种情绪最好的解释。片子里的男人们就像动物一样，用打斗来解决一切问题，用打斗站上社会的顶端。

和其他热血的东西一样，这个故事表征的东西可以用《数码宝贝》的两枚徽章来概括——勇气和友谊。

“暴力=勇气”本身就是一个错误的等式，不能形而上学地去解读所谓的勇气就是不加思索地挥拳头，勇气有很多东西。如我所言，暴力只是《热血》以及所有热血动漫的一个载体，比如卡卡罗特和贝吉塔一路从敌人变成朋友、从弗利萨打到魔人布欧；比如路飞在成为海贼王的路上一路都在打斗；比如鸣人和佐助羁绊无数也在用战争维护着木叶村忍者的尊严和荣耀。我们看热血动漫，不应该就这样把目光停留在非常浅表的暴力上，而要看到暴力后面的勇气；勇气是担当，是攥在手里的希望，是想实现的理想而且必须要实现的执着。泷谷源治最吸引我的并不是把头发往后梳的那种武士版的帅气，而是每次在他爹、拳哥、牧濑和忠太面前告诉自己要称霸铃兰的决心。

在一个大雨的下午，源治和芹泽各自领着自己手底下的混混会集在他们的铃兰。全身黑色的衣服加上俊朗的外形，本来就是一部肾上腺素飙升的电影。路程过半后，双方甩掉了黑色的雨伞，在瓢泼的大雨中，目光如炬，只有前方。双方对峙的时候，芹泽小心地收好一把破旧的伞向前冲，这种装逼装到极致的做法，也让很多人为之倾倒。说到底，我是一个直男，我倒没有为之倾倒，而是在源治和芹泽决战的时候，源治多次快要倒下，但是那双颤颤巍巍的腿却一直想要再一次站起来，这是我第一次对留着长发的男人不那么讨厌了。也许是时间选取得太过巧合，无论哪一场恶战，最后挣扎着站起来的源治，始终帮衬着夕阳，余晖照耀着铃兰，也照耀着荧幕外的人。

直到今天，他的这种勇气也时常在我眼前出现，会在一些我自己都不知道的时刻鼓励我。说实话，我没有做过混混，没有打过架，也没有经历过特别惨的时光，但谁的人生不是人生，谁的生活没有一些酸楚！在刚刚入职的时候，经常没有睡饱就会有工作安排。厦门不大，可东奔西跑一天之后也会觉得双腿像灌铅一般。起初的工资除掉房租，每天可能只有五十块钱，有时候买了水果后根本不敢再去吃一顿好的，买一个馒头或者肉包就应付了。就像源治那样，也许我现在倒下了，我就再也不会站起来了；也许我这一次让自己放松了，可能全世界都会瞧不起我。

“黑”电影除了“勇气”之外，应该就是“兄弟情”了。不论是香港黑帮电影还是美日的黑帮电影，兄弟之情永远占据着大部分的篇幅。血脉偾张不仅仅是荷尔蒙带来的效果，更是兄弟之间互相动容、两肋插刀带来的震撼。“兄弟如手足，女人如衣服”这句话早已被现在的社会认定为直男癌患者的标配，但除掉第二句，第一句对于每一个男人而言都是那么弥足珍贵。在这个故事里，兄弟情太多，而且太深刻，一一列举难免会稀释掉那些深刻的东西。只是在某个和哥们儿一起唏嘘、一起吹牛、一起撸串、一起吹瓶的一平方米的酒桌上，我们会共同想起在屏幕上看到他们征服铃兰、捍卫铃兰的岁月，也会共同想起我们在篮球场上嘶吼和挥汗的样子。我从不曾参与任何暴力行动，但不知为何总会对屏幕上那些义气之事有那么强的共鸣，也许是肾上腺素被唤起了以后，也顺便唤起了我对朋友的怀念。

《灌篮高手》里面的不良少年骚扰训练的桥段，就曾经真的发生在我们的生活中。高三时的一个晚自习，班上一个并不受欢迎的大个子匆匆忙忙跑进来躲在讲台后面。我们都知道，他又惹事了。果不其然，几分钟工夫，一个小个子来我们班的后门问我们："×××在不在这个班？"作为常年坐在最后一排的"守门员"，我应付这种角色很有经验——"不知道啊，你自己看咯。"后来，那个该死的太不争气，自己站起来被看到，于是引发了后来一群人集体入侵了。

一如铁男来到球馆，一如凤仙入侵铃兰

事不关己，但绝不高高挂起。一个直男气息浓厚的理科班，拥有一米七八以上身高的有十三人。我们立刻组建了一支

强有力的战队，抄起凳子，将他们赶出教室，并伫立在后门门口。一个平时并不多言的男生，站得笔直，义正词严地发问：“你们凭什么来我们班捣乱？私人恩怨请在外面解决。”

那一刻，这位L姓男子在我心里的形象是一百分的。我想，如果我不是直男，我会爱上他。当我看到局势扭转，我和G姓男子就像三兄弟一样对对面的小个子混混冷嘲热讽。没有意外，我们不战而胜。

在过去的每一次零散的聚会中，我们都会把这个桥段拿来回顾，当作我们高中最出彩的回忆。那一刻，没人去管你高考的分数，没人管你现在的专业，也没人管你以后能赚多少钱，我们的青春是团结的、热血的、充满张力的。兄弟情——友谊地久天长。

燃——一个很奇怪的词，这个词里面似乎蕴含了一个男人关于自己男孩时期的所有主要的记忆。无论是《古惑仔》《热血高校》，还是无数的热血动漫、荧幕和画册，都蕴含着许多的自己，一种关于“燃”的记忆，它似乎快要结束，也似乎从未离开。

拳哥在我的记忆里，虽然连男二都算不上，但绝对最让人印象深刻。因为整部电影，全世界都在装×，只有他认㞞。但我从不认为这个男人是真㞞，相反，他才是那个真正的大丈夫，因为他青春过，他也在铃兰付出了自己最好的三年，毕业以后，他干黑社会这么多年，始终碌碌无为，即使一事无成，他的人格魅力依然无限大。

他有无数个感人的镜头，无数感人的镜头都因为他的担当、他的滑稽、他对源治像父亲对孩子一般的爱。

他说："乌鸦比起被蒙住眼不知道往哪里飞的可怜小鸟要好得多了。我作为乌鸦，足够了。"乌鸦精神就这样进入了我的视野。我很喜欢的一个微博博主叫"博物杂志"，他科普过一条关于乌鸦的段子：乌鸦在海边戏谑飞行中的白头海雕，因为它更灵活，而雕这样的猛禽却只能被调戏而无法还击。这种放肆到几乎张狂的气质，像极了源治和芹泽的气质，也像极了曾经的拳哥（片桐拳）。

拳哥明明知道自己不是什么好鸟，却拼命证明自己的价值；明明知道很多事情不可能，却依然固执地去做，比如掩护源治、保护源治，比如称霸铃兰。

拳哥和源治在外面，看到逢泽被人欺负去保护，那个时候刚刚被伊崎暗算过的源治浑身是伤。第一次看到这个画面以为他们会一起跑，但是拳哥留下掩护，让源治带上逢泽跑到了一个废弃的河道里。过了一会儿，拳哥打电话给源治报平安，口气中充满了骄傲，仿佛自己干了一件大事。电话的这一头是血肉模糊的拳哥拖着半残的身体，还被一个高中的老同学教训“不学无术，只能做个混混”。被人冠以“人美胸大三观正”的我当然没有像圣母一样去批判拳哥在人生之路的选择上多么幼稚，反而被他这种担当的乌鸦精神触动了：我是小人物，我不能拯救世界，但我确实不孬。

绝大多数情况下，我们没法去改变世界，我们都是小人物，都看着荧幕上的英雄们拯救世界、维护秩序。像拳哥一样，如果无法改变世界，我们也要想办法证明自己曾经存在过。这便是一只乌鸦戏谑海雕的精神。

也许日漫最大的特点，就是丝毫不吝啬在小人物上的着墨，每一部影片或者每一本漫画都能找到一个形象非常饱满、容易引起共鸣的小人物。他们简单又胆怯，但却总在关键时刻出现一些让人动容的画面。比如《七龙珠》里面的克林、《灌篮高手》里面的木暮等。他们就像一个个观众，没有特殊技能和与生俱来的天赋，他们的感受大多数都和我们的感受相吻合。

正因如此，他们给了无数观众一个基础——一个有代入感的基础。故事中的主角，都曾经在我们的梦想当中。木暮对樱木和赤木说，我们一起称霸全国；克林将自己微不足道的力量输送给悟空，为了保护那个共同的地球。正如拳哥对源治说："源治！你一定要称霸铃兰啊！"这是当初拳哥的理想，这是他为之奋斗了多年的目标。多年过去了，有一个这样的愣头青可以替他实现这个目标，他才开始为源治努力，也是为了自己当初的目标努力。应了很久以前的那句老话——"我拼命跑，就是为了追上那个当初被寄予厚望的自己。"

拳哥和源治父亲是相反的，英雄先生认为铃兰是不可被征服的，因为厉害的人会接踵而至，而每一个人的称霸都只是一时之间。拳哥也明白，但他还是固执地想要帮助源治成为铃兰之巅的那个人。拳哥说："源治你这个浑蛋！如果没有遇上你，我的人生可能更加浑蛋！谢谢你！"

我们和拳哥一样，至少大多数人是普通人，当我们在荧幕上看到拳哥，这种共鸣便会不由自主地流露出来，或者至少会让你有些感动吧。我们或许处在弱冠之年，正值奋斗最好的年华；或许已过而立，看着年轻的晚辈如雨后春笋般涌现而心生感慨。至少我们曾经努力奔跑过，去追赶那个曾经自己欣赏的少年。

以前在学校的时候，偶尔也能见到乌鸦。我们小的时候都相差无几，不知道你是天鹅还是雄鹰，乌鸦还是小鸡。后来有的人做了雄鹰，有的人做了天鹅，有的人成了卢瑟鸡仔。我觉得，做一只乌鸦也是一种幸运——自由不被豢养，存在感极强让人不敢轻易忽视。

像乌鸦一样飞吧，即使飞不上万丈蓝天，也能在蓝天下留下一声啼叫；像乌鸦一样飞吧，即使没有办法成为雄鹰，也能让别人看到你挥舞的黑色翅膀。

人外有人、天外有天

热血动漫的弊病，也是《热血高校》的亮点，就在于对基本世界观的认识。世界是不可知的，因为人们永远无法知道世界上最强的人在何处。无论是我最爱的《DB》还是《SD》，悟空成了世界上最强的赛亚人、湘北和山王也成了全日本最好的两支高中生球队，虽然井上在设置故事情节的时候留有不完美之处，但我还是认为《热血高校》那句——“根本就没有什么铃兰的顶峰，就像你打倒芹泽一样，新人会接连不断地出现，那才是铃兰。在和他们对战的时候，你也就毕业了，制霸就会像梦一般消失。”更像是这个社会，这个99%是普通人的社会。

年轻给了一个人任性的资本，给了一个人目空一切的基础，给了一个人犯错的成本。年轻，本身就是一个很美好的乌托邦，让人觉得潜力无限，却在未来的某个年头才恍然发现一切无法兑现，留下怀才不遇的说辞，却始终不愿意承认自己的水平仅是如此。

今天，也就是7月的某一个平常的晚上，我在微博上看到一则让我并不讨厌甚至欣然接受的鸡汤：

> 有些回报是有名额限制的，无论有多少人很努力，只有少数几个最努力的人才有回报，比如创业、升学、打比赛。但是，有些回报是没有名额限制的，比如健身，这个世界上可以允许无数的肌肉男或者肌肉女出现。如果你的成功定义就是超越别人，那么注定会失败，因为世上总有比你强的人；如果成功的定义是超越自己，那么真的只要努力就会成功。

我很少全盘接受某一个观点，上面这个观点我是可以接受大部分的。诚然，正如我在很早之前就很信奉的一个道理——

"不要和别人比较"一样，比较是一个有输赢的活动，如果经不起打击，请只管好自己就可以了。

看过太多的热血动漫，仿佛对那个只要努力就能成为"囊波万"的伪命题奉为圭臬。于是，我将所有一事无成推给自己不努力或者怀才不遇，从而成了一个平庸却不甘平庸的悲剧式人物。

前阵子的微博上很多话题都与我的工作有关，很多热心的粉丝也给我私信，觉察到我最近的不开心或者说不痛快，让我摆正心态面对职场挑战。首先，我很感激每一位细心阅读我博文的粉丝朋友，更感激大家可以在工作、学习之余给我建议和意见。我从若干年前开始，一直知道自己不是人上人，我也从未奢望自己可以成为一个社会上顶级圈子的一员。也许大家在微博上看我自诩"网红"很久，觉得我身上可能会有很重的包袱而在职场很容易自我迷失。我想这或许是对的，我的确也曾无数次感受到了自己骨子里的自负，所谓的名气或者各类名号早已入侵骨髓。可我和我师傅入职以后的第一次见面，他便告诉我，一个新的环境会有一个新的开始，我曾经获得的东西、实力、运气都需要，但律师之路是一个全新的开始，希望我不要带着太多的骄傲来到这个陌生的环境。

我也深知这个道理，所以即使在心里，我也不会骄傲地喊出“制霸律政圈”这样的鬼话。

我一直认为，从内心来讲，我是一个有着双重人格的人——自负与自卑、自信与谦虚。二者之间无非就是一个“质”“量”和“度”的问题。我很讨厌那些在做事之前就把话说得很满的人，所以我也不会让自己做一个这样的人。

今年二、三月份，可能是我人生中相对来说比较重要的时刻之一，因为《一站到底》，我好像变得有点名气了。其间，有人对我说：“你懂的东西多只是一方面，更让人欣赏的是你从不自大。”我始终相信“人外有人”，这是《热血高校》给我最大的启迪。一、二两部，光看前面一百二十分钟，会觉得芹泽和源治强大到几乎不合理，而源治战胜芹泽和鸣海大我以后两次挑战林田惠的时候都被打得叫苦不迭。至少在我看来，源治在林田惠面前找不到任何胜算。

正因为如此，我不知道这个舞台上会有多少高手，我确实抱着学习的姿态而来，带着失败的准备而来。作为晚辈，即使输了也可以感谢前辈给我上了一课；赢了，也许只是侥幸，恃才傲物或者妄自尊大或许是最要不得的。

对我来说，我一直把最大的对手设定为自己，因为只有本我和自我是两个起点完全相同的人。学法律的人都会很频繁地接触到两个词——“公平”和“平等”。对于任何两个不同的个体而言，做到了“公平”就难以“平等”，做到“平等”就无法确保“公正”。所以，不要去谈和其他人的比较，有的人即使一辈子吃吃喝喝也比我成就大，有的人即使起早贪黑可能也食不果腹。上帝既然本来就不公平，那我们就自己让他公平，本我和自我的比较是绝对公平的。

因为山外有山、人外有人，我比较了这一个，就会出现下一个。人生那么短，多让自己待在自我超越的路上，而不是那条没有尽头的比较之路上。

一副黑色墨镜

这副黑色的墨镜，就像一个符号一样，存在于所有的影片之中。以前在某论坛上看到一个关于这副黑色墨镜的小故事。

> 大概是2010年的时候，《一代宗师》已经在开平拍了一段时间，我们学院美术系的几个学生被叫去实习一个月。他们很兴奋，心想终于可以和大师一起生活一个月了呢。他们去的第一天，王导派助理来告诉他们，你们写点、画点有民国特色的东西贴在街道上

吧（就是雨战那场戏的街道）。他们非常激动，用整整一天的时间就完成了，并交给美术看。美术点点头，没说什么，就让他们回房间休息了。与此同时，在学校的我去超市买烟，碰到了美术系的一个女生也在买烟。我好奇地问你怎么也抽烟。她说王家卫正在学院里和老师切磋书法，派她来买烟呢。

我当时很纳闷，王家卫不应该在开平拍戏吗？然后，我打电话给去实习的同学，问他们什么情况。他们说他们正在开平的网吧打DOTA呢。

“你们不拍戏的吗？剧组其他人呢？”

“都在这儿呢，我们组人多，包了两个网吧，不说了，我刚被拿了一血。”

就这样，我那几个同学在开平和剧组的其他同人上了一个月的网，而王导在外逍遥了一个月，那几个同学连王家卫的墨镜都没见到。后来，在我们毕业后很久，《一代宗师》终于上映了，并且很人性地把那几个打了一个月DOTA的同学的名字放在了片尾字幕里。

没人知道这副黑色的墨镜后面的眼睛每天都在关注什么，他活在自己的色彩和世界当中，惬意安详——仿佛是一种力量。你分明知道这是一种无谓的修辞，但骨子里仍然固执地告诉自己：这一切都有其存在的道理，而不是仅仅为了装×。

“孤独到了深处，孤独便成了盔甲”

王家卫的电影，都有一种独特的画面质感，让所有小资青年趋之若鹜，让所有的文艺青年奉为圭臬。所有人都不知道为什么，这也让所有人有了一个猜测的余地。这种神秘，在于挖掘出了我们深深隐藏的“孤独”，无论藏得多深，埋得多死，他总有很多方法，让脆弱的情绪暴露出来。

第一次看《重庆森林》，是在四年前，我什么都没看懂。王氏装×的技法在我眼里，可能只是一种自我修辞和自嗨，我看不懂，也不想买账。

四年后，我在一次无聊之下，没有太多情绪，拿一杯柠檬水，开着冷气，舒服地窝在沙发里，把灯光调至昏暗，营造出电影里那种昏暗与暧昧的氛围，再一次看了这部没看懂的电影。有人说，失恋的人不要看《重庆森林》，但是不失恋又怎么看得懂《重庆森林》？

与其说失恋是看懂这部电影的必备情绪和境遇，倒不如说是孤独和不安全感。就像有人说王家卫所有电影的核心主题在于爱情而非孤独一样，但爱情只是一种感情，而孤独却可以是很多感情的结果：失恋、决裂、离开，抑或是一个人的状态。当人藏得很深的不安全感被这种王氏情节渲染而呼之欲出的时候，情绪就会开始泛滥，或许你不会哭，但会明白为什么电影里的人会记得那么清晰的细节，有那么多怪癖、那么多无聊的独白。

何志武（金城武饰）在第一段故事里的几段独白，成了小资青年必备的情绪渲染金句。比如“0.01公分”，比如“57个小时”，虽然金城武和林青霞肯定已经碰到了，但是只有内心复杂、有故事的人，才会想到去突出这样一个重点。五十七个小时以后，他爱上了那个女人；两个小时以前他还是二十四岁，两个小时以后，他二十五岁，他在这个世界上已经过了四分之一个世纪。

何志武是一个失恋的警察，他的孤独来源于失恋，来源于对前任的依赖，来源于始终相信阿May会在未来的某一天——最晚是五月一号前的某一天，回到他身边。失恋是一种生活状态，不安全感是一种存在感受，而孤独是一种情绪体现。他怒斥阿MING跑步是一件隐私的事情，他强调跑步是为了蒸发身体里的水分让自己不会哭。他企图伪装自己，让自己看起来坚强，所以在买不到过期罐头的时候，会用“贪新厌旧”来形容便利店的售货员。因为不安的人大多是暴躁的，孤独的人大多是情绪化的。他看到贩毒女（林青霞饰）以后，才试着去与世界接触，因为凤梨罐头吃完了，五月一号到了，愚人节的玩笑也结束了。他们醉了，吃了四份厨师沙拉，看了两套港产片，在这个“约约约”盛行的年代，他们什么都没有发生，何志武给她擦干净高跟鞋后离开了。七个小时以后，这个贩毒女打来一个电话，说了一句“生日快乐”。他很兴奋，他记住了这个女人。没有安全感的人，往往容易满足；孤独的人，往往容易被感动。

贩毒女。曾经在一则影评中看到这样的评价，说贩毒女不是杀手，不是罪犯，而是女人。她戴发套是因为她爱那个外国男人，她穿雨衣是因为即使下雨也可以为那个男人赴汤蹈火，但是那个男人在酒吧给另一个女人戴上头套“偷吃”的时候，就已经宣告了贩毒女是孤独的。她用枪解决了这个男人，扔下头套，扔下黄头发，也扔下了自己充满稚气却又不堪回首的过往。她的那句“其实了解一个人并不代表什么，人是会变的，今天他可以喜欢凤梨，明天他可以喜欢别的”，就像何志武的“不知道从什么时候开始，在什么东西上面都有个日期，秋刀鱼会过期，肉罐头会过期，连保鲜纸都会过期，我开始怀疑，在这个世界上，还有什么东西是不会过期的”一样的否定与怀疑。因为不安全感和孤独感，人们才试图伪装自己，不与外界接触。如果说何志武是一种自我怀疑，那么贩毒女就是一种自我封闭。但是，贩毒女是勇敢的，她杀人越货，爱到忘记自己，但也敢于告别过去；她封闭自己，但是在告别不堪的过去以后，她还是让何志武记住了她。

两个人都有一段糟糕的感情，都有一段不愿意走出来的感情。时间过去，事情发生，他们不得不在愚人节后的一个月，机缘巧合地离开，让两个本无交集的个体，在酒吧相遇。几句简单的对白，从孤独与防备，到酩酊大醉的起承转合。这就像是社会上的每一个人，在告别单纯而美好的童年后，都会对一个让你卸下防备的人，毫无还手之力。

影片中，第二段故事明显占有着比第一段故事更长的戏份，如果要说现实层面下二者的关系，只能说故事的男主角都是警察。两个平行的失恋故事，平行到我无法从人物上感受到这是同一部电影。两个故事的主角唯一的联系，仅仅是一次擦肩而过。

警察663，和何志武一样，很帅，也吃过厨师沙拉；和何志武不一样，是另一种不安和另一种孤独。他的感情，有两个对象，空姐和田螺姑娘。

663最爱厨师沙拉，他做空姐的女友离开以后再没有回来，他并不愿意接受现实，女友丢在食品店的钥匙他迟迟不愿取走。不休假的时候忽然的消失，是被大头针扎伤，那是将女友的信钉在食品店墙上的大头针。菲是食品店打工小妹，开着嘈杂的California Dreamin'。在上一个故事中的何志武遇见菲的五个小时之后，菲爱上了663。于是，菲开始用663女友丢在食品店的钥匙悄悄进入663的家，她做家务，放很响的音乐，所以被人叫作田螺姑娘，她用每天的行动，一点点擦去这个房间里前一任女主人的痕迹。663偶然明白一切，约菲去一家叫加州的咖啡厅，可菲却真的乘飞机去了加州，留给663一封信，663没有打开。直到很久以后，他在雨水中打开这张褶皱的纸片，是一张涂鸦的机票，飞往加州。一段时间之后，菲回来，已是一名空姐，663盘下食品店，两人又聚。

663是个警察，一个本该拥有对细节的把控能力的角色，而他在萨摩耶换成加菲以后浑然不知；在破旧的毛巾换成新的以后仍然把毛巾当作那个老朋友——一条多愁善感的毛巾；肥皂只是因为没有志气，而莫名发胖。他在生活中是感性的，赋予生活中许多物品本来没有的特质；他陪它们说话，陪毛巾、娃娃、金鱼说话，对着这栋屋子说话，我从不相信他本身就是这样的人，而是这样一种境遇，给予他孤独的感受，让他在这种环境当中苦中作乐。他对物呢喃的本事实在可爱，尤其是他对菲换掉白熊偷放在他家的加菲猫说：“怎么黄兮兮的？以前白白净净的多好。你头上的疤（指黑色斑纹）怎么回事？又跟人打架啦？”还有他吃被菲换上沙丁鱼罐头外包装的豆豉说：“怎么如今沙丁鱼罐头有了豆豉的味道？”他的迟钝真的不像是天生的，而是一种对现实的拒绝，就像他一直不愿拿走女友丢在食品店的钥匙一样。对这些东西的拒绝改变，对于孤独现状的享受，让孤独成为一种习惯，这是我所能体会到的一种生活方式。或许，这是每个人在经历了一些变动以后都会经历的一个思想阶段吧。

田螺姑娘菲爱上了663，她不遗余力地向663的生活中添加自己的色彩，抹去前任的痕迹。在那个密闭的空间里，她放肆着，在床上蹦跶，在客厅飞舞着飞机扔进鱼缸。她似乎不急于马上进入663的世界，只想让对方一直在明处，而自己在暗处。663在家把涨水的屋子收拾完自言自语的时候，菲打开房门拎着一水袋金鱼进来，看见他时诧异又焦躁。她的小世界被人发现，纵使是被自己喜欢的人，她没办法像从前那样，做着加州之梦。两颗孤星相遇在午夜，天明之后各奔东西。“重庆大厦”这一节，笔调冷峻。相形之下，“午夜特快”的故事简直是一出轻喜剧。California Dreamin'的歌声震耳欲聋，田螺姑娘在加州的梦里舞蹈。饰演田螺姑娘的王菲就像是在《阿飞正传》里饰演的人物一样憧憬着流浪，但态度是嬉皮式的无所谓：“去也行，不去也行。”她和663的约会结果是南辕北辙：663如约去了兰桂坊的California酒吧，她在香港的凄风苦雨中不禁想象“另一个加州是否阳光明媚”，终于跟随梦的翅膀飞去了大洋彼岸的加利福尼亚。663得到田螺姑娘的承诺——空头支票似的“登机证”，时间是一年之后，目的地不清楚。

失恋是一种生活状态，而不仅仅是男女之间的爱情转移。有一种失恋，是渐行渐远的疏离，没有一刀两断的决绝，因而当只剩一个人在故地徘徊时，这种痛连诗意都不肯去沾染。本片中的两个失恋的警察都在经历这种貌似没事的伤痛。可是话说回来，在失恋之余真正感动人的是一种寂寞。两个帅气的失恋男人，他们的寂寞不知撩起了多少女人的心扉，勾起了多少幻想。所以，孤独的女毒贩会有一刹那的放松，她说想休息，是真正的休息，甚至连她自己也不清楚原因何在。而女店员也是因此在加州之梦中加入了对一个男人的幻象，那份孤独感包围了她关于未来的怪异想象。

失恋的人很可爱，孤独的人像小孩。何志武爱跑步，663爱说话，他们跑步也好，将漏水的房子唤作“哭泣的屋子”也好，只是不愿意去承认自己受伤。有的孩子跌倒了会号啕大哭，而大多数人，如果是自己跌倒，他们都会倔强地说“我不痛”。

《重庆森林》是嬉皮式的随意而机智的幽默小品，在各方面与巴洛克式繁复的悲剧巨制《东邪西毒》形成了对比。一言以蔽之，王家卫与杜可风的风格是典型的“万花筒、MTV、后现代”。

这部片子留下的东西很多，问题也很多，如果不懂孤独、没有失恋不会明白：为什么失恋的金城武会期望一份不过期的记忆，为什么毒品贩子林青霞会用雨衣和太阳镜一起抵抗未来的不可知，为什么空姐（周嘉玲饰）会用一张取消的登机证来拒绝一份感情，为什么警察663会拥有一间感情丰富到会流泪的房子，为什么痞兮兮的田螺姑娘会用摇滚代替思考、用梦游来承载所有的情感。

这是一种方式，是当一个人只能面对自己时，维护感情的唯一方式。

我们也许没有在一个晚上吃过三十罐凤梨或者榴莲的罐头，但我们的胃都曾经在某个夜晚抽搐过，好像装下了不止三十罐罐头。我们也许没有对着毛巾或者肥皂自言自语过，但如果哪个夜晚，肥皂和毛巾也能明白我们的语言，我想我会和它们促膝长谈的。

第一个故事的孤独，孤独到深处；第二个故事到深处，孤独成了盔甲。我们用力去抵御这些情绪，却早已经在情绪之中。王氏电影最富张力的就是用爱情和孤独的交集，去拉出所有人深藏于心的情绪，让我们在电影面前卸下伪装。

我想，当一个人曾经孤独过，明白孤独的感受，会更加谨慎地对待闯入自己生活的人，也会更加小心地过着那些在常人看来无法理解的生活。孤独到了深处，孤独就是盔甲。

晃动的镜头，平静的生活

手摇取景已经成为王氏电影的一种符号，代表着躁动、暧昧和不安。作为处女座的王家卫，《旺角卡门》是一部深刻的电影，不仅体现在金像奖的大获全胜，更体现在所有看过这部影片的人所受到的触动。虽然这部片子在《重庆森林》之前，但是这部片子对人的冲击力，至少普世的冲击力是大过后者的。

华哥的那句话，对我来说一直有很深的影响——“因为我很了解我自己，所以我不能承诺你什么。”

我们处在晃动的年纪里，对未来一无所知，古惑仔每天都可能看不到第二天的太阳，我们也永远不知道我们的未来在哪个方向。我了解我自己，所以我从不给自己承诺，也从不给任何其他人承诺。这可以被称为“怯懦”，也可以被称为“逃避”，或者说是“现实”。不知从何时起，也许是学了法学以后，我开始知道承诺意味着什么，而承诺的不履行又意味着什么。我了解我自己，我厌恶风险，所以我不去承诺。

不仅对别人，更加是对自己。进一步是严禁，退一步就是胆怯。

华哥对张小姐说出的那句话，是在对一个自己爱的人说，也是对未来的自己说。每一个颠沛流离、浪迹于心的人，都是一个看似勇敢、实际胆怯的人。胆怯来源于晃动，来源于一种未知。虽然华哥很潇洒，他可以眼睛不眨一下地把啤酒瓶摔到对方的脑门上要债，可以带着砍刀出入其他小混混的场子宰了给自己小弟难堪的瘪三，但是自始至终，他只有一个小弟，他在无数的“大佬”中，混得不温不火。在深爱的前任怀孕、流产种种之后，他依然无法改变自己的人生，陪伴他的只有那根白色烟嘴的香烟。

这部片子为什么给我的影响如此大，以至于我一直将这部片子作为一部教育影片来看，是在于“墨镜男”设置的三重价值观。

“苍蝇”拿了安家费，为了讨回先前丢失的尊严，去赌场和Tony来了一波正面交锋。饰演“苍蝇”的张学友也凭借着出色的表演和歇斯底里的嘶吼，不仅仅让他成了表情界的大咖，也让他炸出了Tony和华哥之间的天差地别。Tony是为了钱、为了命在道上混，以给小弟光鲜的西装和无绳电话作为评价自己的标准。起初，我很诧异，为什么华哥只有“苍蝇”一个小弟，而Tony身边却总是漫漫乌合之众？后来，在看过这部电影的若干天后，我忽然间觉得，华哥身上的那种担当决定了他无法拥有太多的小弟，他的性格并不适合在这条路上走得太远。在玻璃杯掉下来的那一瞬间，Tony暴露出了作为大佬的他其实是一个怯懦胆小而且没有担当的人。我相信，“墨镜男”传递的第一层价值观，或者说是我能感受到的第一层价值观就是做一个有担当的人，至少不能做一个让全世界看低的人。

张小姐，在她身上可以看到一个女孩儿应该具有的真实和美好，无论是身材还是长相，无论是性格还是语气。那年的张曼玉二十四岁，那个张小姐二十二岁，张小姐用自己最好的年华演绎了一个最好的姑娘。她容易对一个自己爱的人产生依赖，她也喜欢做一些稀奇古怪的事，终于到最后，她把自己的心交给了华哥。她是不安的，因为她知道华哥每一次出门都不一定会回来，所以才有华哥那句话：“因为我很了解我自己，所以我不能承诺你什么。”

这是我看到的第二层价值观，有些东西我们可以控制，有些东西不可以，没有承诺就没有伤害，即使什么都没有，逃避也比违约更强。

“这一次是运气好没事，可是下一次呢？”

“我做事从来没想过下一次。”

但是，打打杀杀是江湖，两肋插刀是兄弟。“苍蝇”千躲万躲，终究没有躲开大哥的支援。曾经的“苍蝇”依赖着华哥，但这一次他并不想连累他，而华哥却在“苍蝇”中枪的第一时间出现在他身边，杀死污点证人，也赔上了性命。第三层，是“墨镜男”没有在电影里面平白说出的，当我看完这部片子，我内心十分同情张小姐。直到很久以后我才明白，这种同情来源于另外一种责任的错位。香港的黑帮电影和警匪片总是会出现关公的形象，一堆大佬祭拜关二爷的镜头在《无间道》《古惑仔》之类的经典港产片中频繁出现，其实在现实中也听到不少江湖混混祭拜关二爷的传闻。“义薄云天”中的“义”字是很多男人喜欢挂在嘴边的字眼，总是把兄弟挂在嘴边，却鲜有人提倡“平安”二字，因为这样的字眼在男人眼里就是对自己的耽误——妇人之仁。对张小姐的同情，源于这样一种责任的偏差与错位，最后的结局也是一个悲剧。

很多人抱怨“苍蝇”，抱怨他毁掉了华哥和张小姐。在我看来，错的人并不是他，而是华哥的执迷不悟。我很少把话题上升到意识形态的层面，也不敢对三观的问题做过多评述。这一次，我选择做一个表态：在很多人的意识里面，平平淡淡即庸才，轰轰烈烈才是人生，可如我前面所言“并不是每个人的生活都是电视剧”。一个悲剧的结尾，让我更加深刻地体悟到那个我本来就懂得的道理，也是我认为的“墨镜男”所表达的第三层价值观：让生活平淡一些，让自己无私一些，生活除了那些让自己满足和开心的、顺从自己的，还有很多别人的情绪在自己身上，比如爱人，比如父母。

影片的最后一个分镜头，给了倒下的华哥一个短暂的脑部回想——和张小姐在电话亭里面的第一次拥吻。那一刻，我想他的心里，才意识到有那么一个和他相爱的女生在等他回去，可这个悲剧的结尾却毁掉了三个人。

镜头回到最初，那些“墨镜男”最爱的晃动的手摇镜头，似乎在提醒我们，这个故事不平静。就像我们喜欢以声写静一样，一根针掉在地上，这是个安静的地方；手摇的镜头，却在表达一种对平淡生活的希望。

我没有打打杀杀的经历，甚至打架也很少参与。小时候只是觉得打架不对，但我一直说不上为什么，直到有一次妈妈这样跟我说：“不管为什么，打架打赢了、打输了，你都有可能受伤。只要你受伤了，我都会难过，所以你不能打架。”

依稀记得这句话，是在我初二的时候听到的，我大概明白了那种健康是福、团圆是真的人生真谛。曾经，我知道这个道理，多年后看完这部片子，我懂得了将它们融合，并融入我的生活。

绝大多数情况下，我们没法去改变世界，
我们都是小人物，都看着荧幕上的英雄们
拯救世界、维护秩序。

禁止吸
NO SMOKI

Chapter Two

有趣，从来是一件认真的事情

成长的过程大概就是别人觉得你是疯子过渡到别人觉得你是专家。

在青春里划出一亩三分地

做过我舍友的人、当过我死党的人，甚至任何一个跟我有过交集的人，都或多或少知道邱汐岩是一个嗜鞋如命的人。我会在宿舍里面放一些抽屉鞋盒、做一些收纳，为的就是放下更多的球鞋。

偶尔会有隔壁宿舍的人专门来宿舍看我的球鞋，甚至可以称为“参观”。巅峰的我，各类鞋款“保有量”能达到四十双吧，虽然在一些球鞋玩家（sneaker head）眼里这些鞋子不足道哉，但是对于我这样一个家庭环境的，同时对于球鞋倒卖很不齿的人来说，已经是一个很惊人的数字了。每次早上起来不知道穿啥鞋上课的时候，舍友都会打趣道：“这是一个幸福的烦恼。”

大概除了看一些资讯以外，我每天做得最多的课余活动就是看球鞋论坛了。上网的时候被问得最多的一句话也始终是：“邱汐岩你又买鞋？”

年轻人，如果一切都被旁人理解，那活着还有啥意思啊。其实最早爱上球鞋，也确实源于虚荣心，尤其是初中、高中那段时间，感觉能够穿上一双Nike或者Adidas的球鞋简直象征着身份与地位。

为了这些好笑的、孩子特有的虚荣心，我做了很多功课。高中寄宿在一个同学家里，恰好我有电脑，每天放学回家就是上各种球鞋论坛搜集打折信息，在淘宝上搜集一堆店铺信息。当然，在这期间也在论坛上阅遍各类球鞋。高中的时候，我每个月只有三百元零花钱，生活费都是爸妈直接对口交给房东，而且我爸爸似乎觉得男生喜欢买鞋总是太娘，专门要钱买鞋他总是反对。“鞋子够穿就可以了，买那么多干吗？”这是每次我开口要鞋的时候听得最多的一句话。有时候，我也觉得好像周围没人能理解我对球鞋的热爱，可转念又会觉得——我管那么多干吗。

于是，我继续不厌其烦地追一些鞋型，高中那会儿流行的比如Nike的air force 1和air max 90，Adidas的superstar2，converse的all star和one star之类，我都想买。可是，我也面临着社会主义社会广大群众面临的同样问题，也就是日益增长的物质需求和我的购买能力形成的矛盾。

我是一个喜欢追求丰富度而不喜欢追求高品质的人，当时面临了这样一种矛盾，所以我果断地利用converse开始拓宽自己的鞋子数量。巅峰时期，chuck Taylor一款鞋我就买了十五双。房东看了也很无奈，打电话给我爸爸，说为了给我放鞋子买了一个新鞋柜。我爸妈知道后也是哭笑不得，一边劝我要理智消费，一边告诉我学生不应该过分浮夸，更应该注意学习提升。

当然，我还是贯彻了青春期少年对不喜欢听的话“左耳进右耳出”的战略思想，将这一切都抛诸脑后。高中被一个死党损得最多，或者也可以说被酸得最多的一句话，就是：“大家快来看啊，邱汐岩又穿新鞋子了！”有时候表面上觉得挖苦，但是还是像个孩子一样产生一种穿新衣服被表扬的开心。

上大学对我来说是一次彻底的释放，因为在生活费这个问题上，我有了独立处分权。如何协调生活和买鞋、买衣服二者之间的关系，如何缓和生活必需品和自己爱好之间的矛盾成为我大学四年贯彻始终的一个议题。

牛仔裤从jack jones升级到levis，球鞋也从Nike和Adidas的基本款开始要求球星的签名鞋和air Jordan的一些所谓定番。我一直不敢自诩是一个潮流玩家，因为潮流这个圈子确实需要你有一定的经济实力，或者像我之前说的那样“以贩养瘾”。所以，我的爱好始终与潮流无关，在平凡人的世界里，我觉得我做到了极致。

成长的过程大概就是别人觉得你是疯子过渡到别人觉得你是专家。曾经我对球鞋的狂热和对所谓搭配的执着被舍友和死党们认为是个傻×，而今舍友们开始经常请教我搭配牛仔裤和休闲裤的鞋子会有什么区别，爱好篮球的死党们也会主动跟我交流买、穿球鞋的心得体会。我也开始在一些球鞋论坛上发一些球鞋测评，比如我自己喜欢的杜兰特和科比的签名鞋，比如李宁作为国产品牌的一些实战鞋款。我开始慢慢学会通过自己的一些爱好和狂热，转变为一种生活情趣，将本来属于虚荣心的东西沉淀为一种生活乐趣，并且将摄影这个爱好和球鞋结合在了一起。

撰写幽默的稿子，用心感受每一双篮球鞋给你的体验，拍摄自己喜欢的球鞋的每一个角度，然后将三者糅合在一起写一篇我认为对他人有用的稿子，让他们知道自己是否需要一双我拥有的这样一双鞋。

其实，我也很多次地想过这个问题：为什么大多数人不明白球鞋可以这样让一个人着迷?

虽然我一直以来不太情愿跟别人解释这些别人本就不理解的爱好，套用一句很多女生跟男朋友生气时都爱说的话："懂我的不用我说也能懂，不懂我的解释半天也是对牛弹琴。"但是不得不好好说说我的那些理由。

当你用心地爱一样东西的时候，你可以发现只要你想，你就可以对这个该死的爱好提出所有要求，至少我觉得你对人不会这么任性。爱好喝茶的人对茶叶的种类与品质要求繁多，收集古玩的人也对藏品存在诸多要求，所以喜欢球鞋也会逐渐地分理出各种分支。比如，在大人看来篮球鞋都一个样子——也就是他们看不懂的样子，而实际上当我们了解篮球鞋的文化以后，就知道篮球鞋的技术发展历程是一个科技发展的缩影，以Nike、Adidas、Puma和Rbk几个公司为首，篮球鞋逐渐进入了一个科技时代。按照材质，可以分为真皮球鞋和聚酯纤维球鞋，前者如air Jordan大多数正代鞋、詹姆斯7代以前的实战鞋，后者则有像Adidas的crazy quick、Nike的hyperdunk云云。按照缓震科技，可以分为物理缓震和材料缓震，前者如Adidas的bounce技术和Nike的zoom技术，后者如Adidas的boost技术和Nike的lunar技术。此外，还可以依照主打的球场位置分为内线和外线，按照鞋帮高低分为高帮、中帮和低帮。作为一个爱好球鞋与篮球七年的人，坦白地说，我对于球鞋的研究确实长知识，也能吹牛，更重要的是可以让我的篮球体验更好。

我也经常跟我爸妈说，这双鞋跟你脚上的皮鞋可不一样，它可是有历史、有文化的。他们摸着我的头说我脑子有问题，我也嘲笑他们不懂每双球鞋厚重的过去。水论坛多年的我，经常看到大家说的一句话就是Nike和Adidas的球鞋定价为何稍高，就是来源于一种所谓的品牌积淀和球鞋文化。确实，当今世界上比较强大的几个球鞋品牌，确实也有些年头，Rbk就从20世纪90年代确立了“内有‘大鲨鱼’奥尼尔，外有‘雨人’坎普”的品牌代言，世纪交际时逐步过渡到姚明和艾弗森二人扛起大旗，一句“I am what I am”的口号和艾弗森那种桀骜不驯的样子，对于很多球迷、鞋迷而言都是很熟悉又很值得玩味的画面。Adidas、Puma和Rbk三家在乔丹出现以前一直垄断着球鞋行业，20世纪80年代中后期，乔丹的出现带领Nike扶摇直上成为Sneaker领域的霸主，这也是很多球鞋玩家津津乐道的话题。

我觉得，对于每一个爱球鞋的人来说，你从十六岁开始就被球鞋围绕，那就是你的青春、你的任性和你的叛逆，以及一切好笑的回忆的中心。为什么很多工作多年的人看到一双球鞋会触动情绪？原因大抵如此，这双鞋子的背后有我们在水泥地上挥汗如雨的过去，又或许我们为了一双心爱的球鞋辛苦攒钱只吃泡面、咸菜和馒头，亦或许我们为了买鞋和留鞋盒与爸妈做的无数思想斗争，还有可能这双鞋代表了一位你崇拜的篮球巨星。所谓青春与热爱，无非就是因为一些不起眼的东西占据了我们绝大多数的注意力，让我们为此付出了常人无法理解的时光和代价。

球鞋，占据了我青春的一大半。很多时候，它也成了我的一个动力支撑着我去做一些事。玩儿，不一定要让别人能懂，也不一定要多么疯狂，但一定要尊重自己的内心。我不渴望被世界理解，也不想去理解整个世界，只想在年轻的时候，在自己的脑子和青春里划拉出一亩三分地，告诉这个世界：在这儿，我不需要你理解，你也别干涉我的一切。

我的爱好始终与潮流无关，
在平凡人的世界里，我觉得
我做到了极致。

做一个有趣的人

小时候，我有三个理想：律师、医生、相声演员。

做律师、医生的原因：帅、被人尊重、知识渊博。而做相声演员，只有一个原因：有趣。相声演员不仅自己快乐，也能带给所有人快乐，而我正好也想做一个有趣的人。

很少追综艺节目的我，前阵子把某台的《欢乐喜剧人》一集不落地看完了，那些喜剧人，用自己的努力和付出，证明了自己的职业精神，也赢得了衣食父母欢乐的掌声。

正如他们的宣传语——搞笑，我们是认真的。

的确，有趣从来是一件认真的事情，不认真的人，都是无聊的人。

态　度

在社交网络上，我喜欢时不时地写一些生活里的小事，有些是真人真事，有些是稍作文学加工的真人真事。蒙网友厚爱，有人叫我段子手。既然如此，那么我的目的也算达成了，至少我是一个有趣的人、一个合格的逗×。

有趣就像健身和饮食一样，它不仅仅是一种日常行为和特质，更是一种态度；它不仅仅是一个乐天派应该附带的资质，也实实在在地感染着身边的每个人。对自己而言，在一个有趣的人的生活中，总会充满快乐和满足；对周遭而言，能够给他人带来欢笑和满足，正如赠人玫瑰，自己亦能手留余香。

我没有什么特别厉害的长处，苦中作乐算是我的一个强项，在有限的生命里找到无限的乐趣是我毕生的追求。我善于在苦难中寻找快乐，善于在委屈中寻找宽慰。至少我一个人的时候，我可以让自己不感到孤独。

我觉得，周末的时候不要老想着出去玩，年轻人就应该在家读读书。因为我一个人住，好朋友都各奔东西，我的周末就是在小房间里面上蹿下跳、看书、煲汤、听音乐、看电影之类。到了饭点，想要做饭，稀里糊涂买一斤排骨或者一斤面条回来才知道这些我一顿吃不完，两顿不够吃。打开某外卖软件，发现我一个人吃的分量完全不够起送金额。这就是一种孤独，一种被称为“做饭没法动手，外卖没法单点”的孤独。

有趣的人，从来都是被生活逼疯过的人。刚搬进新住的地方时，我幻想过我的生活是一份宁静祥和的渔港生活，虽然我并不是渔夫。看着晚市上水产贩子从海水里捞上来的海产，便宜、新鲜、诱人，买不起那些琳琅满目的石斑、油斑、鲷鱼、黑包公，也买不起青蟹、花蟹、馒头蟹，更买不起蓝尾虾、大龙虾，不过至少可以买点花蛤、对虾来解解馋。关心一下各类水产的时价，买点鲜活的对虾，对于健身爱好者来说，对虾是优质的蛋白质来源。

拎着防水塑料袋回到住的地方，路上可以一直感受到对虾鲜活的力量，就是吭哧吭哧地打挺，晃动着袋子。回到家，在水池子里放上浅浅的水，把半斤活虾倒进去，虽然是淡水，但也能看到它们在里面鲜活地游着。我拍了一张照片，调了一个自己喜欢的滤镜，然后P上一行字——“邱白石 于乙未年六月”。我写这段话的时候，都可以脑补出来微博上的网友如果看到这一幕会说的话：“心疼你。”

但是对我来说，这就是我能找到的乐趣。比如跑步的时候迎着风唱歌，比如坐公交车半个小时去健身，骑车十几公里去厦大剪一次头发，在房间里借着回音大唱最爱的港乐。这种体验在我看来虽然早期会让人觉得很烦闷，但习惯以后实在是一种难以言状的感受。这一切也许并不一定是让人觉得有趣的，因为有趣本身就是一个感受性词语，但是每个人对有趣都有着自己不同的标准。我也在环岛路上看到过路人对唱歌的我投来或鄙夷、或嘲笑的目光，猜想或许我就是个疯子，可是在我的眼中，这样一种生活方式和态度，是让我觉得快乐的。

有趣，其实是无聊到极致，当一个人无聊的时候，会想到很多有趣的事。记得以前看《肖申克的救赎》，安迪在监狱的日子很孤单也很落魄，被关禁闭暗无天日三个月。人家问他为什么能忍得住，安迪淡定地回答：“有莫扎特陪着我。”

生活有趣的人，大多都是有态度的人，或者享受着音乐，或者浸淫于文学，或者痴迷于体育，或者醉心于科研。

起初，我们把搞笑和幽默当作有趣；后来，我们发现有趣并不是单纯的搞笑和幽默，它更应该被态度所概括。只有在生活中有一个固定的航向、有所追求的时候，生活才会随着态度慢慢地变得有趣。

我爱健身，在追求身材的同时，我也被周围的很多朋友质疑："你为了健身那么多东西都不吃，你不觉得生活没意思吗？"很显然，不会。虽然晚饭很少吃，只吃鸡蛋、燕麦、全麦面包、坚果、牛奶之类的补剂，但是健身和相关的营养餐早就成了我的生活一部分，我已经慢慢喜欢上了这种饮食，我觉得在研究各类营养餐的同时，我也收获了很多乐趣与知识。

我有时也在想，态度，大概是有趣的第一步吧。

知　　识

知识的重要程度自然不言而喻，我没有必要多费唇舌跟大家"安利"这样一个观点。知识，支撑起了一种有趣的生活，知识带给生活的趣味是其他的东西无法比拟的。

《新闻联播》作为中国乃至全球唯一一档被不断唾骂却一直三十余年如一日地播出的新闻节目，在大多数人看来都是一件极其无聊无趣的事情。但是，在厦门大学入学的时候，听了一场学长的讲座，记得他说过："如果仔细研究过每一则新闻，比如政治局会议、常务会议、国务院常务会议之类，就会发现主播念每一个出席会议的人员的名字时，在不同场合都会有不同的讲究。”

作为一个好奇心奇强的双子座，后来也留意了这块知识。《新闻联播》在播放我国内政会议的时候，一般会有党内会议：中共全国代表大会、中共中央委员会全体会议、中共中央政治局全体会议、中共中央政治局常务会议及各类领导人座谈会；权力机关会议：全国人民代表大会、全国人民代表大会常务会议；政府会议：国务院全体会议、国务院常务会议；政协会议：全国政协第×届全国委员会第×次会议。会议种类按照上述的分类分完以后，就会按照《宪法》《立法法》和各类会议组织的文件，将出席会议的人员按照头衔高低来播报姓名。而在不同的会议中，头衔也会出现调整，比如政治局会议会以党的领导人为主、政府会议以总理为主。

在先前并不了解这些时，我会很诧异，为什么一堆这么相似的名字每次都要不厌其烦地播出？至少现在听到这样的新闻，我不会再诧异，因为在我看来，这些东西是有区别的、有意义的。在听新闻、看新闻的过程中，我明白了其中的用意。

前阵子有一段时间，我失眠很厉害，整宿整宿睡不着，连着三天五点才睡着，连着五天两点以后才睡着。我开始用“小马甲”在很多论坛上发帖求助，有些吧友、坛友给我提建议说背背单词、看看法律条文这些无聊的东西就会想睡了。

也许是我没有交代我的教育背景，大家清一色地认为法律条文是一种催人入睡的神器，无聊、冗长、枯燥、乏味一直以来也是法学教材甩不掉的标签。但是作为法学毕业生，现在也在律圈行业工作，不得不说我看这些东西并不能达到催人入睡的功效，相反会越看越觉得清醒，因为看明白了以后，大脑就会开始转动。

一直以来，横亘于男女之间的沟通障碍有很多，但我相信有一条对于许多人来说是不陌生的，那就是对于男生来说感觉韩国的欧巴们都长一个样子；女生则觉得欧美体坛的各个明星都长得一样。所以，诞生了这样很无趣的认知：

男生：那些韩国人都是娘炮，有什么好看的，哪儿有中（我）国（这）男（样）人（的）好看？

女生：NBA有啥好看的，看一群人抢一个球，还全都带着文身，太无聊了。

作为一个本着尽职勤勉之精神的律师，我也调查了女生所酷爱的韩流明星，现在对于Big Bang、EXO、2PM之类的偶像组合，以及早期的Super Junior、TVXQ、神话、HOT也能如数家珍一般，了解每一个成员在组合中担任的角色——门面担当、声线担当之类。再到后来看几个知名韩娱公众号披露一些信息的时候，就不会觉得有什么不了解了，相反也会觉得确实很有意思。

记得有一次回网友私信的时候，我看出来她的名字是朴灿烈的英文，就开玩笑地问了几句你是不是很喜欢EXO，她说是。于是，我就跟她聊了五分钟左右的“朴灿烈”“朴灿烈十八秒”这类话题。坦白地说，我并不是行星饭，我也不哈韩，但我并不排斥去了解他们，我发现在我了解了这些以后，确实也能看到这些韩国“爱豆”身上的闪光点。这或许并不算什么知识，因为在生活中并没有办法学以致用；或许这只是“饭圈”的一些谈资，但它确实可以让你的生活变得很有趣。

知识就是一种奇妙的东西。它的意义在于，或者给你赚钱，或者给你快乐。作为一个刚刚进入律师圈子的年轻人，法律知识和司法实务经验对于我来说是至关重要的，也是我的饭碗，而其余一切非业务知识，只要可以增加生活的乐趣，我都来者不拒，这便是一个有趣的人该有的生活态度。

所以，知识作为一种资讯和体系化的信息，没有孰高孰低之分。如果喜欢天体物理和天文学，并不一定比喜欢八卦娱乐资讯的显得高档，它们都一样。当你遇见一堆趣味相投的人，可以一起聊得开心，并且认识天文发烧友或者饭圈的其他粉丝，进一步拓宽自己在这个方向上的信息渠道，那么，人生就是有趣的。

有趣的人，应该常怀一颗好奇之心，不会对不了解的东西嗤之以鼻，而会用好奇的态度去对待每一样事物；知识没有三六九等，如果可以带来快乐和满足，那么这种知识对于个人而言，那便是价值的体现。

专　注

我很喜欢拿科比作为例子来论证很多事情。前阵子，在赞助商安排的中国区的活动中，科比和在场的粉丝有着很具有哲学意义的互动。

“我不知道大家是否看过国家地理频道的《动物世界》节目，比如猎豹正在捕捉一只鹿。猎豹在高速奔跑时，可能会有很多小昆虫在它眼前飞过，但是你们是否注意到，猎豹会去在意那些小昆虫吗？”科比问道。

答案当然是“不会”，而科比用这番比喻显然是想说明一个道理：一名球员必须认定自己的目标，在追逐目标的过程中，他肯定会遇到很多干扰因素，但是这些干扰看起来都像那只猎豹眼前的小昆虫那样不值一提。而科比的这番精彩回答也赢得了全场一片掌声。

他的专注，一直以来都是高中生写作素材中比较热门的一项内容。早期的科比人缘并不好，意大利和美国两地的成长背景相纠葛，造就了一种完全不同于美国其他黑人的性格特点——自我封闭。他曾经在TNT的一次脱口秀做客时讲道：“当我不知道该干什么的时候，我就去练球，直到精疲力竭为止。”篮球，对于大多数男生而言，是一项有趣的运动；但对于职业运动员而言，这就是一项工作，甚至是负担。但从科比身上，我感受到的更多的是他在这项运动中付出的心血和精力，他足够专注地去对待这项运动、这份工作，这让他在篮球中寻找到快乐和人生的真正价值。

在科比的生活中，篮球是有趣的，工作是有趣的，这种趣味便来源于专注。

专注的生活态度和生活方式都能够给人带来许多快乐。当人把自己的注意力放在一个对象的深层面的时候，所注意到的东西都不一样。经常用来描述读书的好处的一句谚语：“书中自有千钟粟，书中自有黄金屋。”我也尝试着这样去理解，就是当阅读足够专注，将精神注入在这部作品中的时候，世界是和作者勾画的世界相融合的，那我们就能从里面收获足够多的乐趣。

小时候一直不爱学习，拿到课本后总是心不在焉，觉得读书是一件无比无聊的事情。爸妈也经常在我面前说，做事心不在焉，怪不得做不下去。但是相反，从小我也有一个爱看科教节目的嗜好，甚至经常坐在地板上看《探索发现》和《人与自然》，看得听不见妈妈叫我吃饭，甚至看得流哈喇子。

以至于说现在，我花了许多时间去琢磨专注对于一个人到底有多么重要，从高中的夜以继日，到大学的色彩斑斓，到初入职场的惴惴不安。我发现学理科综合和数理化是很好玩的，民刑诉讼也是很好玩的，因为在这些东西的背后总会有那么一些规律值得你去总结。每做一件事情，我都是一个主体，而对象事物是一个客体，我通过一定的行为和这个客体产生一种交互：当我心不在焉、无法深入时，那这件事就变得无聊；当我把精神全部托付于此，我便在现实世界以外意外收获了一个全新的世界，那么我的世界便成了一个全新的二元世界。

《礼记·大学》有一句名言："心不在焉，视而不见，听而不闻，食而不知其味。"通俗地说，一个人如果不够专注，连做个吃货的资格都没有。我们有时候看电视里许多美食节目，他们在品尝一道美食的时候，总会有着丰富的感情和细腻的质感，告诉你香味、入口、咀嚼以及回甘的感觉，让人难以置信他们在对待一件这么稀松平常的事儿的时候，都能付出如此复杂的情感。但是，当很多人学会了如何在舌尖上去寻找味蕾和食物的碰撞的时候，便心甘情愿地成了吃货，也就从此一发不可收拾。

来到了福建，也就注定了与茶文化有着分不开的关系。走过中国九成的地方，却从未在其他地方发现茶文化如此与人的生活息息相关。闽南人的生活，就是茶几上的生活，从铁观音到正山小种，从大红袍到金骏眉，有无数种好茶等你品尝。很小的时候，我在杭州的一个茶庄里，第一次喝了绿茶，那会儿觉得碧螺春的名字很好听，点了一杯，却被我认为完全不如当时只卖一块钱的健力宝。现在，随着工作时间的变长，我也慢慢地学着让茶遵从着它的规律，从洗茶到冲泡，从入口到回甘地品味一包茶叶带来的一些复杂的情感，也就明白了茶为何会有云泥之分和三六九等。

也许这么说有点玄，但是当我将血液集中在舌尖和鼻腔，去品味着小杯子里面琥珀色的茶汤，闭上眼睛，专注于此的时候，我的身边不是办公室，不是写字楼，而是安溪的田野和武夷山的山水。

有趣的境界，是享受自己人生中的每一个片段，而不在于取悦他人，绝对不是局限于段子和搞笑，也不局限于娱乐和网络，而是在于态度、内涵和专注度。一个如此主观的词语，只有从身心到个体、从主体到客体全方位地热爱，才能够发现每一件事物背后有趣的地方。

要做一个事业有成、受人敬仰的人或许很难，但是做一个有趣的人，只需要一种热爱生活的态度，以及在此态度之上培养的知识与内涵。专注于自己的人生，沉溺其中，人生必不负卿。

有趣的境界，是享受自己人生中的每一个片段，而不在于取悦他人。

经营一家咖啡馆

这几年，网上有一句很时兴的话，叫“我有一个音乐梦，放下一切去旅行，奋不顾身去创业，经营一家咖啡馆”。经营一家咖啡馆，在大学生群体里，虽然尝试的人不少，但是总体来说仍然算少数。我就这么误打误撞地做了一件可以吹牛吹很久的事。

开店像很多其他事情一样，当你做之前，感觉一切都是那么美好，这便是青春，这便是拼搏，这便是人生中最华彩的一章，从此以后便是出任CEO、迎娶白富美、走向人生巅峰的康庄大道。所有华丽的背后，是琐碎，就好比一台很洋气的

iPhone，拆开以后也是密密麻麻的排线板。

而且，每件事都是那么机缘巧合，每件事都是无心插柳柳成荫。如果要让我用一个词来概括我的这段“小老板”时光，不是“梦想”，不是“情调”，而是“兄弟”。

别人是为了情怀、为了青春去开店，为了年轻的时候可以在阳光正好的午后隔着窗纱磨一杯自己喜欢的咖啡，享受一本好书。可是我并不是这样，因为生活中还有很多比情怀更珍贵的东西。

那天傍晚，我刚坐公交车从市体育馆回学校，接到一个电话，是一个好朋友的，这里暂且称他为A吧。他说被先前合作的那个校外的合伙人临时反水，如果他不给钱的话就要把设备全部拿走，而留下那些设备需要两万块钱。说了这么多，我当然知道他是想找我支援他，可能是借钱，也可能是接这个烂摊子。

也许一开始关系并没有那么瓷实，A对我开这个口很为难，说希望我可以入伙，钱算我顶替先前那个反水的家伙。我给我妈妈打了一个电话，开口要钱。我妈说，做朋友要仗义，而且不一定亏钱，爸妈支持你。于是，我爸爸当天晚上就给我打了钱。第一次拿着这么多钱，我心里也是惴惴不安，不知道我这个决定做得对不对。

十一点，A把我找出去，跟我说他做这个咖啡馆的初衷和结果是什么，跟我谈可不可能盈利和盈利的前景如何，让我尽力帮他，这样我自己也可以挣点小钱来开心开心。当时，他并不知道我已经把钱准备好了，也不知道其实我并没有仔细听他在说什么，当时可能帮他是最主要的因素，其次才会考虑赚钱与否吧。我打断了他的话，说："你跟我来吧，我去取钱。"

他起初有些愣神，但还是跟我来到取款机前，我把钱取出来给他，没有签合同，没有订协议，没有说承诺。这是一笔在我现在看来完全没有任何交易保障的投资，一次没有担保的法律行为，可是当初的我却没有管这些。A拿了钱，拿拳头跟我碰了一下，像是打篮球的时候打出过配合一样，没有小姑娘那样的扭扭捏捏。我就这样，四个小时的决策加操作，变成了一家小咖啡馆的老板之一，那时我尚未满20岁。

开店的那段日子，时间可能并不长，可在我短短的四年大学生涯中，见证了我的疯狂、我的撒野、我的无理取闹和我的歇斯底里。

除了学做蛋挞、奶茶、意大利面和磨咖啡这些小资情调满满的经营日常，除了和学院领导老师在一起聊天泡茶的思想交流，这个三十平方米的小店更像是我和A那个圈子的一个据点。

因为合作的人只有我们俩，所以要去麦德龙买原料、要去前埔的咖啡馆找简餐的供货商、要去联系咖啡豆的供应商来压低成本，而且很多事情都必须一起做。我一直相信，只有一起经历过苦难的人，才能成为真正的朋友。一如当初拼命挤时间，在别人在宿舍或者图书馆看书的时候，我们要在咖啡馆里面琢磨奶茶怎么放糖、咖啡机怎么打出来的浆会更浓、做卡布奇诺的时候应该怎么样用鲜牛奶打泡、做蛋挞的时候总觉得很干应该怎么控制淡奶油的量之类。

开发新产品对于每一个走在“创业”初期的年轻人来说，都是一件无法回避的事。我们不满足只有点心和咖啡、奶茶，我们要拓宽市场、开发新品。每天，我们都像打了鸡血一样，用做传销的态度去做这个店。我们想了很久，想到可以试试咖喱饭。A去超市买了咖喱粉，我去买胡萝卜、洋葱、鸡肉和牛肉之类的配菜，回来之后简单地看了一下网上的教程，就开始尝试。但是，可以预料到两个大男人第一次做饭应该不会那么好吃，也不会那么顺利，切洋葱流眼泪、化咖喱块被呛咳嗽、炒洋葱和胡萝卜的时候火太大炒焦了……就这样，我们第一锅咖喱饭，煳了。幸好做的量少，我们去买了一些米饭，把这煳掉的咖喱凑凑合合吃掉。晚上十一点，店里仍然亮着灯，里面是我们互相埋怨对方傻×，但是又逼着自己把这咖喱饭吃掉。焦煳的味道和咖喱的味道混在一起，很怪异，但也算可以接受。就当我们互相骂对方没脑子、臭傻×的时候，保安敲门问是不是在这里用了火，警告我们不能在这里用炉子，这里是教学区，不能做那种会有油烟的食品。

这条路被堵死，只能想别的法子。我被迫只能从网上买了很多这样或那样的餐厅用的酱料，A从前埔那边搞来一堆香菇肉臊饭的半成品，在店里面研究怎么样做简餐给老师提供一个吃午饭的地方。其实学院一开始并不允许我们这么做，只希望这里作为一个休息室、茶水间，只能用烤箱和微波炉。那个时候，有一种淡淡的“夹缝中求生存”的意味。索性，我们最后还是凑凑合合地从其中总结了一些经验，最后用半成品做一些盖浇饭当作简餐。之余，我们也深深地感受到了，一个“餐饮集团”如果没有严格的产品流程、完善的生产线和高质的品控是件多么可怕的事情。

然而，如果只是这些常规的经营，我想咖啡馆也不会给我留下这么多的印象。

“一切都在酒里。”

A是贵州来的侗族人，不过跟汉族同胞也没啥区别，也是一个好喝酒、会喝酒的人。酒在我的生活中也一直占据着很重要的地位，而且也确实让我和A从比较好的朋友变成了可以交心的人。因为都比较爱装×，觉得喝洋酒很洋气，那阵子我们俩也买了好些洋酒做基酒，根据网上搜的教程，在店里面调各类鸡尾酒。渐渐地，很多同学、朋友也知道了我们俩这个爱好，有些年轻人偶尔愁上心头的时候，都会微信问我："能不能喝一杯？"

所以，相比周一到周五的咖啡厅，我更爱周末的酒馆；相比于巴西、蓝山和意大利，我更喜欢伏特加、龙舌兰和朗姆；相比于午后、阳光、咖啡这种闲暇，我更喜欢子弹头、自由古巴和mojito（一种鸡尾酒）这样刺激的味道。更重要的，是看到一帮跟自己玩得很好的小伙伴，在我和A的指引下，可以宣泄平时心中或多或少的不快，比如好友D感慨男友对自己不好，比如好友G感慨在厦门的日子并不痛快，和一起共事的好友W说着学院里班级评比的那些琐事和跟男朋友那些别扭的事……这些细枝末节，堆积起来的就是我的那段青春。

我们没有像《后会无期》里面那样，青春坎坷，为了理想歇斯底里，足迹遍布整个中国；也没有像《小时代》那样大富大贵，不停撕×，为了所谓的自尊上演各种爱恨情仇。我们活的是生活，他们拍的是艺术。

但所谓生活，却是艺术的来源。深夜的海滨，偶尔会传来凄厉的惨叫，那是失恋的女生在和我们喝完酒之后，当着两个男人的面大骂"男人没一个好东西"。我很想像电视剧一样，坐在篮球场上，想着自己的过去和将来，想着自己有过的辉煌，但是不好意思，我没有。我要和A去安慰那些痛骂我们男人的女生、要去搀扶那些明明吐了好几遍却还在跟我们要酒的男生，还要去收拾咖啡厅里面的残局。

那时的生活，喝酒的时候纸醉金迷、觥筹交错，酒罢又会和A一起感慨生活的狗血。我们的生活就这样循环着，不知道什么时候停下。

我知道喝酒对身体不好，也知道伏特加对于现状不可能有任何改善，大家都知道。但是当那些不快到来的时候，酒却成了最好的避难所，不求“呼儿将出换美酒，与尔同销万古愁”这样的潇洒不凡，但求这三五小时，可以忘却现实给我们的那些狠狠的耳光。

相比于经营的琐碎，和A的关系，更多了一层“酒友”的洒脱。我们在那四个月里，见证了对方喝酒喝到吐，也见证了对方喝酒喝到哭，丑态百出、毫无保留地诉说着很多光鲜亮丽生活下的一些自认为酸苦的苦楚。在很多大人看来，我们仍然是一个“为赋新词”的年纪，没有步入社会，何来所谓的苦和难，我们这样做只是给自己一个堕落的借口。但大概每个经历过这个年纪的人都有这种感觉，我们是多愁善感的一代人，我们是不善于表达的一代人，从心直口快的童年，开始慢慢习惯在成长过后三缄其口，对周遭的人，也会留下一丝自己的保留，不再那么容易推心置腹。

所以在我看来，即使喝酒伤身体，但是原本很要好的朋友上过酒桌以后，关系会更瓷实。

时间过得很快，短短四个月，也是弹指一挥间。快乐的日子总是拼命地从你指缝间滑过，有道是“指缝太宽，时光太瘦”。虽然说不上各奔东西，但总会有其他更想做的事情要去做，我们俩潇洒地来到这里，然后又潇洒地走掉。

很多朋友说，像我们这样开店，能挣着钱吗？我们挣得确实不多，每周都要贴钱搞点小聚会后，好像也没什么油水给我们了。

我们约好下家，一起谈把这个三十平方米的小地方盘出去。和学姐谈得差不多了，她最后说：“你们俩是四六开的，那这些钱我就按照四六打到你们账上，那这事儿就差不多了吧。”

A开口说了一句：“五五开吧，当初是我把他拉下水的，不能让他折腾这么久就赚那么一点，关系比钱更重要。”

当时，我喝着柠檬水全然没有想到这个，听A这么说，就很惊愕地抬头看着他，可他并没有跟我说什么。男生之间的关系，或许就是这样，没有太多言辞，但是却很快就能互相明了。

所以，在这三十平方米的地盘，留给我的这四个月，有说开就开的豪爽，也有说关就关的直截了当，也有这段时间以来的每个周末保存下来的酸甜苦辣。更重要的，是让我从这份经历中，收获了一个推心置腹的朋友和一堆如花开到荼蘼的死党。

所有华丽的背后，是琐碎，
就好比一台很洋气的iPhone，
拆开以后也是密密麻麻的排线板。

真实比完美更珍贵

《一站到底》播完以后，好像我和顾漫笔下的那个“何以琛”就有撇不开的关系了。很多《何以笙箫默》和钟汉良的拥趸肯定会觉得我身在福中不知福，或者说我不配和何以琛比较。其实看了这些人的评价，我也是哭笑不得，在《聪明人》那本书里，我就说我一直很烦被人拿来跟这个人比、跟那个人比。当我看到有人说我比不上何以琛的时候，就点开那个人的主页，看到她转载的一些知名博主发的鸡汤——“做最好的自己，而不做第二个谁”，我在心里也是默默地问候她全家。

当初，被一些人喜欢也被一些人讨厌的时候，我心里也埋了诸多困惑和不解，找朋友吃点东西排解一些内心的压抑，然后，嘴巴里的东西都还没咽下去就趁着酒劲开骂。朋友说："你跟一个本来就不存在的人比，比输了又能怎么样？我能认识一个活生生的邱汐岩，何以琛是个鬼。"

记得以前我"水"豆瓣小组的时候，经常看到一个这样的逻辑：一个网友晒自己的照片，然后标题上写一句"贵在真实"，通常会得到一个回复："贵在真实"的就是丑的。诚然，有句话叫"美得不真实"，所以真实也就成了不完美的借口。但是，我们每个人都是活生生的人，所以我们应该活得更真实一些。

马克·吐温说："真实有时候比虚构更陌生。"我想大概就是这样。"少看电视剧"是我从这部电视剧开始上映并且大热之后经常挂在嘴边的一句话，无论是和长辈、同学，还是和晚辈聊天，我都不可避免地重复着这句话。其实，现下很多的电视剧都是如此，我不去批判电视剧的构思是什么，"电视剧是故事的影视表现手法，通过有声图像来叙述故事情节"，那么，电视剧本身就是艺术。有些人看了陆毅和白百合的《长大》，就去问医学院的同学当医生是不是都这么帅；看了彭于晏和倪妮的《匆匆那年》，就问经管学院的同学会计是不是都那么美；看了《何以笙箫默》和《离婚律师》就来问我律师是不是都像他们那样年轻有为、才貌俱佳。

通常，我会回答一句这样的话：“艺术源于生活，但高于生活。”他们帅只是因为他们是陆毅、彭于晏、钟汉良和吴秀波，所以对现实中有些人的代入感，我也带着很多无奈。

以前实习的时候，问过许多律师，在北京交换时也问过一些北京的律师，其实我对于律师行业的前三年处境艰难也不置可否，但是也会回过头来告诉你：“律师是个高增长行业，只要熬过最开始那些时间，后面也就会顺利很多。”

等一个姑娘七年，其间顺便就把本科修完了，三年坐上了律所合伙人的位置，住着江景房，开着宝马，人长得还帅。我不想讨论这个故事的真实性，只是我的前辈给我一样的劝导：“少看电视剧。”

要像这么优秀，对我而言几乎是不可能的。但是在被人加上这样一种名号以后，面临着一些自己给自己增添的所谓的压力，我依然要每天挤着公交车去实习，去做一些很琐碎的事情，在办公室里我一直都是个菜鸟，师傅手把手地教，和其他徒弟一起去学一些东西。很多人觉得我做不做律师以后都会很优秀，我断然不会把别人的期许当作自孤自傲的理由和一种傲娇的资本。我虽然很辛苦，但是依然带着学习和享受的心在这个行业里，并做好充分的准备开始可能最艰辛的几年。

就像你上学的时候，你本来只能考六十分，但是经过努力、坚持、刻苦和学习中自己总结的领悟，期末考试考了八十分。那个时候的你是爱自己的，因为真实，不是所有人都是天才般可以出道即巅峰地考一堆满分或者九十多分。

逛多了论坛，听过无数的人说当初自己有进步的时候，虽然不起眼，但是如果可以得到老师或者家长的哪怕一句赞美、鼓励，或许蝴蝶效应产生的能量就可以让他现在的处境完全不同。然而大家往往得到的都是“你看看×××如何如何”之类，然后我们所有对于以后的上进心都消散了，不为什么，就为赌气。

听过这样一个比喻：“人在为自己树立榜样的时候，开始总会把这个人想得很完美，一旦知道他身上有一些世俗的东西，就会大失所望。总是在造神以后，又亲手毁掉这些神。”我们总把有些人想得很完美，完美得没有瑕疵，感觉不应该有任何不良癖好和一切世俗的东西。如果有人觉得我们本该完美，那我只能抱歉地说一声：“不好意思，事实和你想的不一样。”

包括考研这件事，很多人觉得邱汐岩那么厉害，为什么考研会考不上？其实当这个结果刚出来的时候，我最先是自己很失落，感觉熊熊斗志被一盆冷水浇了一个透心凉，然后我发了一句：

考研成绩出来了，对不起大家的期望，没有考上。希望今天查分的可以好运，谢谢大家的祝福。我还好，不用担心。

晚上刷评论的时候，看到铺天盖地的回复几乎都在说，连你都考不上那我也没勇气考了。仿佛他们接受不了我的失败。在他们眼中，我一切顺风顺水，即使长相一般，但是学习、工作和表现力方面都是如鱼得水的。

可事实就是，我失败了。我恰巧想说的是，这个世界上本来就没有“男神”“女神”这种东西。我们把这个称号给了一个人，所以我们不希望他失败，所以我们希望他完美无瑕。后来，我又发了一条微博：

这件事情也算是人生中第一次小小的挫败，于我而言应该是一次思考和重新起航的契机。但当我看到很多人感叹说我都没考上，自己也想放弃的时候，我也想告诉你们——我并不是天才，我做不到并不代表你们做不到，我希望你们看到一个敢闯敢做的我，然后趁着年轻和任性，做好自己想做的，即使失败也无妨。

我愿意把自己失败的经历给大家看，因为我更希望大家看到一个真实的我。我是真正不管成败、得失都会为了自己的梦想去努力的人，而不是实际上十拿九稳但却假装自己胆战心惊的学霸。说实话，我也羡慕那些可以拿到名校offer、考研保研一路顺风顺水的学霸，但我知道我不是他们，所以我要走自己的路、过自己的生活，这也就注定了我只会羡慕而不想变成那样的人。

现在，考研对我的大学生涯来说就像高考之于高中，我虽然都可以绕开，但是我都没有绕开。两个考试是两个阶段的一部分，失去了它们，这两个阶段对我来说都是不完整的。

谈到保送，高中虽然没有保送国内的大学，但是拿到巴黎大学和几所其他欧美院校的录取通知和面试通知时，我还是为自己捏了一把汗，因为放弃出国参加高考，如果考砸了就是一次“不作死就不会死”的典型。我没有像大家理想化的那样，年纪轻轻便留学海外，拿着顶级学府的学位证书做一名海归。当初，放弃出国很大的原因是担心自己无法融入当地的文化体系；还有就是虽然有奖学金，但是相比国内的学校来说，肯定无形中会多出一笔不菲的开销。虽然一直以来周围的同学、朋友都觉得我的家境是过得去的，可我觉得我没有必要给我爹娘增添这样一笔不必要的负担，加之做母亲的恋子心切，我也不想和他们离得太远。

同样的情况还有保研，我的成绩一直以来并不出众，但是好在课余生活很充实，这让我最后的总分可以保研继续读本校。因为很多原因，我虽然很喜欢厦门这座城市和厦大这所学校，但是也算是自己有想法很任性，也可以说是在北京交换的日子改变了我，所以我一心想要来北京求学，做个北漂。第一次“作死但没死”到了这里就成了真正的“不作死就不会死”。

跟我报考一个学校的舍友很诧异地问过我，说我明明可以保研为什么还要考研：“小邱，我跟你相处这么久觉得你是一个很明显的‘风险厌恶型’啊，你怎么会忽然这么一反常态？”

仔细想想，我确实很讨厌风险，所以我从小不学打麻将、不学炒股、不愿意经商，就想做律师、医生、工程师这样靠手艺生活的职业。但是这一次，我选择潇洒一回，选择放肆一次，不想计较那么多，如果我的大学四年一直在计较投资收益率和风险回报比率，那我觉得我这四年过得太平淡无奇了，即使一切顺风顺水，却也是波澜不惊。

所以，不要想成为任何人，做一个真实、独一无二并放肆生活的人。

我恰巧想说的是，这个世界上本来就没有“男神”“女神”这种东西。

最好的时光不是独角戏

在最好的时光里，可以不拥有一切，但应该有一个像啤酒一样的朋友，陪你勇闯天涯。

前些年有一个很火的某欧体广告被炒得很热，一句我觉得俗不可耐的话“梦想是注定孤独的旅行”可谓酸掉了我的一排牙齿。曾经，我也在博文里面写到我对“孤独”的看法，生活需要一堆陪伴在身边的人，也需要一颗不害怕孤独的内心。梦想的实现，需要有人陪伴在左右一起奋斗，但梦想并非注定孤独，孤胆英雄倒是注定悲情。

我一直很喜欢篮球，因为篮球教会我很多东西，篮球会告诉我，世界上不会有太多的事情是凭一己之力就能完成的。无论是乔丹，还是新世纪的四大巨星——科比、詹姆斯、邓肯、奥尼尔，在没有皮蓬、加索尔、韦德这些队友的支撑时，也过着那种所谓的孤胆英雄的生活。然而事实证明，他们那种与天斗、与人斗的孤独之路并不是他们喜欢的，也最终被认为是一段辛酸的日子。奥尼尔在遇见科比之前无数次被横扫、詹姆斯的骑士队一直被认为只是常规赛球队无法在季后赛实现突破、科比单飞之后也乐透过首轮过蛰伏过，即使是乔丹，皮蓬来到之前也饱受凯尔特人和活塞的打压。他们很后悔，在最好的时光里，他们单打独斗，他们要着个人英雄主义，他们尝试着与全世界为敌，他们收获了来自全世界的赞誉，但也背负着来自全世界的质疑。

我生性爱好热闹，虽然多数时间我喜欢一个人。不想过分依赖伙伴，但有伙伴在旁陪伴的时候感觉动力十足，并且内心温暖。

就像科比和“家嫂”，他们彼此或许都曾是独当一面的球星，科比也证明了自己的个人能力是历史级别的存在。但是在通往梦想的道路上，他们都有各自的苦楚：一个FIBA第一大前锋在NBA的赛场上连续三年季后赛遭遇首轮横扫，一个历史前十的巨星乐透一年后在巅峰太阳的跑轰下两次铩羽而归。

他们比谁都明白他们需要一个帮手，或者需要一处遮风挡雨的地方。

联手的第一个赛季，加索尔收获了季后赛第一场胜利。对于一个在季后赛屡战屡败、屡败屡战的白人大个子，他比谁都明白一场胜利对于自己的意义。科比也在时隔三年以后，第一次在季后赛尝到了披荆斩棘的酸爽。这便是伙伴，即使科老大永远是老大，“家嫂”也愿意做一个陪伴在身边的伙伴。

这些故事和这些事迹，很多人都耳熟能详。一个简单的例子，来说一个简单的道理，也为了证明所谓的孤独只是一些人为了营造一种悲壮感刻意强调的伪命题，它是错误的，甚至不值一提。

以前，我的老部长跟我说，在学生工作中，感情是很重要的一环，你也可以说你经历过这些工作、你认识了一些很棒的人，感受到了温暖，但是你如果只有感情和温暖，那你的经历毫无疑问是失败的。那我也可以在此基础上尝试着下一个结论，如果单打独斗的失败，连感情都无法收获，那更加让人心塞。

青春是一条很漫长的路，衡量幸福的标准也很多，我们需要做的事情也不单单只有那么几件，但是伙伴一直在身边，他们即使不能陪着勇闯天涯，但在你难过的时候，至少有人可以一起说说话，一起互相扶持着，走完剩下的路。

俗话说，一起同过窗、一起扛过枪、一起下过乡、一起嫖过娼就是最好的感情。在我看来的确如此。每个人都经历过，或者会经历的一段时光，就是那段千军万马过独木桥的时光。让我去回忆，我先想到的不是我考进年级前一百，不是数学理综又刷出了高分，也不是高考的分数和最后录取的厦大，而是那些属于高中同窗死党之间的奋斗点滴。我们拿着卷子、拿着书，即使有的人并不爱学习，我们始终互相陪伴着，或许高考失利的人有很多，但在高中，每个人都会收获一段印象深刻的同窗之情。

先前，我受到环境生态学院的邀请，以校友的身份去翔安举办了一场小型的经验分享会，半脱口秀半回答问题的性质。在回答一个学弟关于创业的问题的时候，我是如此阐述自己的观点的：

“你需要一个关系够好、能力够硬的死党来开启你的第一次创业经历。关系够好，因为这个人可以给你别人无法给予的包容，让你更放心地去做每一件事；能力够硬，你可以在跟他合作的过程中互相学习，不会有人拖后腿，不过，你也得保证你不拖后腿。”

伙伴关系，就像企业家们常挂在嘴边的团队，就像某选秀节目的“阿妹泛美丽”（family）。一个伙伴在你身边，一股力量在你身后，即使在风云际会的时候无法所向披靡，但在每踏出一个步子的时候，都充满了力量，让每一个脚印都深深踏入自己所涉足的每一寸土地。

我也说到过我和一个死党在咖啡馆里面的一些故事，我相信这也是一种伙伴的力量。

我习惯一个人生活，却也厌倦着一个人的生活。一个人出去玩的时候，会在某一个街角，咬着一杯饮料的吸管，在车水马龙的天桥上，回忆一下高中校园里的生活，那些跟铁瓷们欢笑打闹和篮球场上飞奔的画面跃然脑中。我会感慨，如果这个时候还能像当初千军万马过独木桥的时刻那样，有一群这样的人在身边，这便是最好的时光。当下，一个人拎着西瓜和酸奶，回到自己的屋子里，18楼的阳台下，风景很好，夜景很美。只有我一个人，关上门，去听一首听过好久的歌，然后安静地睡过去。

这种悲壮的气息，让我放肆得很累。

梦想的实现，需要有人陪伴在左右一起奋斗，但梦想并非注定孤独，孤胆英雄倒是注定悲情。

有劲儿才能撒野

记得以前QQ空间有一句经典文案，叫：“寂寞，是一个人的狂欢；狂欢，是一群人的寂寞。”我一直很费解这个人的内心到底有“夺么”（多么）躁动才能把寂寞狂欢起来。

一个人的生活向来适合活成恬淡的样子。听一个北京的文艺青年聊天的时候说起过：如果我可以月薪三万，我会在外交公寓租一间一个人的房子，在房间里架一个架子摆上绿萝，看看三里屯的人来人往和灯红酒绿，写写自己的想法。周末，去798、去望京看看艺术展，在宋园结交一些艺术家，这也许就是生活最好的方式。

我曾经把文艺青年戏称为“一帮在下午四点非得在咖啡厅喝咖啡、看书的人”。他们眼里，一个人过着前面说的那些生活就是最大的快乐，他们尊重自己的内心，但是单调的生活模式却让我觉得他们的道路那么单一，只有这么一条而已。文艺青年所谓的虽败犹荣的孤独，更多时候是自己太“轴”，或者是自己的性格让自己偏爱那种安静的生活，或者是性格孤僻让自己只能过那样的生活。

我的撒野，用北京话说就是“撒欢儿了玩”，生活就是这样，要玩起来才有乐子，没乐子的日子不叫“生活”，那叫“生存”。

但是在我的世界里面呢，只想做一个撒欢儿生活的人，除此以外貌似没有什么可以让我觉得特别有存在感的生活方式。

也许我一直以来都害怕孤独，也许我本来就向往繁荣，所以我希望每一分每一秒，都是绚烂如花的，即使不现实也是我所希冀出现的画面。我记得我也说过我以前很少过生日，我的生日很少有蛋糕，通常都是妈妈给你做顿好吃的，给你买一身衣服，所谓的“破蛋日”就这么过去了，以至于到了高三的时候，我不太明白那些过生日有蛋糕、有派对的日子是一种怎样的体验。到了高三，我参加过一次同学的生日派对，我也是第一次去KTV，看到生日原来可以过得这么嘈杂和喧嚣，过得好像你是宇宙的中心那样。

倒不是说那种嘈杂和那些酒精，可以带给我多少宽慰，也不是说那种全世界围着你转的气氛可以带来多少虚荣心的满足，而是第一次知道，原来生日这种东西大家一起庆祝得这么带劲儿！

对比那些一个人的生活，人多才能闹腾是一个不变的真理。一个人再狂欢也是寂寞的，寂寞了以后做任何事情都是没有心气儿的，没劲儿了，我怎么在青春里撒野？我撒野给谁看？

2012年的7月，厦大的小弟弟、小妹妹，比如我，都在漳州校区过着无忧无虑的“小学期”，奈何隔壁的嘉庚学院放假太早，我们的中区和南区早早就人去楼空，而北区也在闷热的“小学期”失去了它的人声鼎沸。那阵子的我，在网上刚刚学会一些所谓的小资情怀，便想着到这个以前很少踏足的区域，去放空自己的内心、放逐自己的灵魂。来到南区之后，保安亭是空的，门卫也是不在的，南门外的小摊也只有推车没有老板，甚至平时最抢手的“小绿”，貌似也可以像列队一样一辆不落下地停在停车位上。我觉得在这种安静的环境里，没劲儿，甚至感觉自己进入了一个平行的世界。我尝试着大声地喊叫，没有人出来告诉我：“同学，请小声一点儿！”

就像前面说的，一个人的狂欢，也是安静的，这是生活的一部分，也是一种很好的生活方式。可我讨厌一成不变的生活、一成不变的轨迹、一成不变的虽败犹荣的孤独，我需要在我的生命里注入无限的别人的气息，也愿意进入到别人的世界里做一个增加气息的过客。

老部长带我们这个部门，我觉得就是比别的部门、比别的部分的世界更有生气，更能撒欢儿，更能放肆地去把郁结的气给放肆出去。她似乎比任何人都懂得如何让一处、一段生活增添人的色彩。在那个圈子里，有可以放肆却被包容的感觉，也有大家一起撒野的感觉，不仅仅因为我们一起唱歌唱到哭、喝酒喝到吐、在海边踩沙子踩到满身都是尘土。这是一个家，一个大家都有无穷无尽的劲儿去生活的家，因为老部长和老副部长是那样两台永动机，一直燃烧着。不管是她们毕业，还是我们毕业，我们始终做着自己爱做的事情，始终都有她们俩在后面陪着我们。这种力量看不见、摸不着，却时常让我在一个人的时候恍然想起，有那么两个可爱的人，陪我一起，难忘江河，望尽眼前海天相接的那条线。

她说，这个世界有光，青春啦，无所畏惧的青春啦。

我适应了孤独，因为我知道，有那些气息在身边陪伴，给我一股劲儿，即使一个人，也能放肆地撒野。

生活就是这样，要玩起来才有乐子，
没乐子的日子不叫“生活”，那叫
“生存”。

剪掉头发我就回到了小时候

以前做过一个梦，我十一岁了，有一次去剪了头发，剪完变成了七岁。那个时候好烦，因为觉得自己已经快要长大了，但是在梦里就这样，我又回到了该死的小学一年级。第一次这么想要快点长大，不用妈妈催着我吃饭，不用妈妈催着我早点睡觉，不用妈妈掀着被子告诉我快点起床去上学，讨厌被管束，所以我做梦都想快点长大。

不喜欢被管束的感觉，也不喜欢被欺负的感觉。小时候，我对自己最大的印象大概就是体弱多病，一直病恹恹，头大脖子长像个ET。大姨经常取笑我，说我的脖子看起来像一根钢丝，而我的头却像一个哈密瓜，一副摇摇欲坠的德行。胆小大概就是因为身子骨太弱，而从小养成的习惯，怕高大壮、怕牛哄哄的混混、怕老师因为我做错作业或者没交作业来打手心。一次印象很深刻的经历，是上小学一年级的我在学校门口被几个三四年级的人拦下，可能大家都懂，小学的时候每隔一个年级身体素质都有着质的差别。就这样，我被拦下，在千禧年的第一个周五下午，他们要“敲诈”我身上的一块钱零花钱作为一周的工作总结。然而，当时的一块钱，对我的重要程度可能不亚于现在的五百块钱，因为这一块钱，我可以买五根辣条和一根冰棍。当时，我印象深刻地记得，他们满头大汗，衣服并不整齐，穿着横条纹的T恤，其中一个脖子上挂着红领巾的跟我开口说：“我们几个只是想跟你借点钱，买一瓶饮料，你别紧张，有借有还。”我不敢开口说话，甚至不敢反问如何才能找他们要钱。虽然很害怕，但是我极力控制自己，男孩子不许哭，哭了我就是个㞞人，内心的要强和我实际的弱小形成了鲜明的反差。

所以很多时候，有人问我以后想做一个什么样的人，我都会说：“我不想以后再被欺负。”那时候的我，希望自己变得更加强壮、高大和威武，可以让那些小混混望而却步。

妈妈说，你要变得强壮就得拼命吃、使劲吃，才能变高、变大、变壮。大概是因为我是早产儿的关系，我身体弱、得病多，而且脾胃不好不易吸收。我妈给我准备了一个别人喝汤用的碗来给我盛饭，而且吃饭的时候会给我下指标，告诉我要求的不多，只要求我把这些吃完。从十一岁开始，疯狂的大胃王时期一直延续到现在，我和同学聊到早饭要吃两个粽子、两个鸡蛋、一碗炒粉和一斤牛奶的时候，大家的表情无疑都是震惊的，我也感谢妈妈在过去这十一年里用填鸭式的“饲养”方式让我茁壮成长。

如今，假期在家的时候，碰见妈妈在外面打牌回来比较晚，她会打电话叫我去接她。原因也就是，有个一米八、肌肉健硕的儿子走在身边很有安全感。我想，从这个层面，我成了一个我想要的样子。

体弱多病的我想要变得健硕，而对别人的依赖、受别人管束也会让我不自在，因而身体上的强壮和精神上的强壮对我来说都是梦寐以求的。

我不喜欢被人管着，我爸妈也深知这一点，所以对我的约束也越来越小。他们开始培养我一种作为双子座最渴望的自由而独立的人格，比如不迷信盲从、不随波逐流，比如即使听了再多的意见也要有自己的观点，再比如他们跟我说某一个想法的时候也会说：“爸爸妈妈是这么想的，你觉得可以吗？”相比有一部分的人，他们总是要听爸妈的话，总是没办法做自己想做的事，我觉得我是幸福的，至少我的人格不是任何人的附属品。

慢慢地接触了社会，发现自己也累了，自从大二开始经营咖啡馆，我发现我所梦想的人格独立好像只是一种情怀，你一旦完全拥有，你就会很累。二十二岁的年纪，不再是当初十七八岁的光景：自己做个决定、打一份零工、给爸妈买一束花会得到很大的赞赏。而今，每个决定都本该由自己完成，我做决定、赚小钱就再也没有当初那种成就感和满足感，人也就开始累了。我不再是个孩子，不能用一个孩子的标准来要求自己。当我是学生的时候，我一个月兼职打工赚钱如果能赚两千块钱，爸妈会觉得你很棒；如果我毕业了，我的工资只有四千块钱，我很有可能都没办法养活自己。这是变化，也是成长。

以前在微博上看到一句别人给我的留言：

> “我会化学也会摄影，所以我不需要赵默笙。”听到你说这句话的时候，我其实很伤感，因为现在的你太强大、太独立了，好像全世界都是你的累赘，你一个人可以做好很多事情，可能有一天你就再也不需要我们了。

其实如果可以，谁愿意做一个超人呢？每次跟妈妈打电话，妈妈总是会跟我说：“你现在长大了，而且你很优秀，很多东西爸妈现在也不懂了，只能给你一些建议，做决定还是得靠你自己。”

每每听到这样的话，我心里一阵泛酸。和爸妈的关系从来没有像父母和子女那样严肃，一直以来就像是朋友一样，然而这句话里面，除了简单的字面意思，我自己解读出，更多的还是父母对自己的能力有限而感到无奈，更多的是为我以后的前途而祝福。从前，一心想要独立，而如今，爸妈真的彻底放我一个人独立的时候，内心的独白更多的是不安。

因为人只要活在世界上，就不存在一个绝对意义上的独立，要么受制于人，要么受制于规则。所谓的独立和自由在自己的成长中，用自己的生活实践出，这是一个伪命题。所以，我一直很讨厌跟别人聊人生，聊理想，我自视甚高，觉得自己把一切看得太明白，而我把我的三观传播出去的时候，会带坏一帮人，所以不想说也不好说。

确实，我长大了，我开始务实，我也开始变得强大，强大到父母觉得自己没办法再帮我。可是仔细想想，这到底是不是我想要的？同学看到下班回去的我，或者看到我现在的说话态度，都会投来一种异样的眼神。一个玩得很好的学姐跟我聊完以后，很意味深长地给我说了一句：“以前那个活跃气氛的逗×好像已经不见了。”大概就像歌中唱的——“我不是真正的快乐”。

好在我还是乐观的人，双子座的人总是善于在两种生活模式中切换。似乎我的忧愁和烦恼没有办法改变这个世界，那我就在这个规则下面活得洒脱一些。化学老师说，这个世界上不存在任何一种绝对纯净的东西。情绪也是如此，我自恃一个潇洒的人，但是这种潇洒中理所应当会有一些对于自己现状的忧虑。

时常，当我有时间又觉得疲倦的时候，我会去一个理发店，躺下来看理发师剪掉我的头发，就像自己以前的梦中那样，剪掉之后，我就回到了小时候。

其实如果可以，
谁愿意做一个超人呢？

不怕没人陪你浪迹天涯

《天才知道》播完以后，浩哥的那句“莫愁前路无知己，天下谁人不识君”忽然间在我身上烙下了印记。我和浩哥并没有像高适和董庭兰那样深厚的交集，但这并不妨碍这句话成为最适合送给我的祝福语。

自从第一次去北京录节目以后，陆陆续续去过北京很多次，包括在中国政法大学交换的那个学期，这些时间让我对北京这个城市有了从来没有过的了解。北京有雾霾，北京空气不好，但是北京也有所有年轻人向往的伟岸磅礴和无穷的机遇。即使全世界的人都在骂北京，说拥堵、说雾霾、说地下水、说压榨周边城市，但我依然相信，成百上千万的“北漂”也相信，这是最坏的时代，也是最好的时代。不然我们没有理由在二十岁的大好年华，打着哈欠，挤着地铁，没完没了地加班，然后拿着只够付房租的薪水，因为我们相信，无数来自小地方的“北漂”，都有一个简单的梦想——在这里立足，在这里活下去，在这里证明自己。

每年暑假，北京都会迎来一批家长。他们带着来大学报到的新生，也带着那些暂未高考的孩子，告诉他们这里有着中国最高的学府，有着中国最优势的社会资源，有着最多的梦想和现实。也许让许多同龄人爱上北京的，是那里的清华、北大，那里的人大、北师大，那里的北航、北理工、贸大、北交通这样的高等学府。可是让我喜欢上北京的，是国贸的繁华，是三里屯、后海的喧嚣，是世贸天街巨大的空中横幕，是日落东单的活力，是积水潭到昌平那段高架上绵延的干燥空气。

第一次去建外大楼，从24楼俯瞰整个东三环，那种震撼和在东方明珠塔楼上俯瞰黄浦江完全不一样——北京真的很磅礴大气。这也让我第一次对北京有了莫名的好感。

但是法律行业的特殊性和考研的事情，让我和北京的缘分暂时中止了。这些机缘巧合，也让一切成了未知数。

我选择了留在厦门，一座外人看来很安逸，但是光看收入水平和生活成本的比例就知道压力并不输北京的城市。

我的浪迹天涯，从北京开始萌芽，却从厦门真正开始。说实话，如果像老一辈企业家那样，在北京创业，或者在厦门创业，租一个小房间，每天吃泡面和熬夜，加班加点，把自己活得像一出励志的创业剧，妈妈估计是第一个不答应的。

“理想很伟大，但我希望你能平平安安。”

妈妈是一个很漂亮的女人，不管是从儿子的角度看还是从一个正常人的审美角度看。在小城市，她也被公务员生活慢慢磨成了一个很生活化的人，不过现在看她以前的照片，我可以感觉到她年轻时也是一个有故事、有情怀、有颜值的女神。

听妈妈说，以前她在南昌上学，有人给她算命，说她以后会有一个儿子，并且会有一个让她享福的儿子。那时候，她还是个小女孩，跟我现在一样大，不知道到底啥时候会结婚，但她那一刻开始似乎很笃定地相信了这个算命先生。

我工作后时常抱怨自己压力大，她也会摸摸我的头和我的脸，说：“算命的很准的，现在也算对一半了，你以后要让妈妈享福，算命先生不会说错的。”虽然一米六五的她摸我的头很累，但她依然很庆幸，有一个人高马大的儿子可以时常跟她说起身边发生的细枝末节。她不能理解我们这一代人的压力，因为在她那个年代，工作包分配，吃饭靠计划，有钱不如有资源，即使有理想，大学毕业以后依然回到了自己的老家。她们那一代，大多数人没有颠沛流离，也没有浪迹天涯，她们还没有落叶，大多就已归根。

妈妈对我的感情，在我毕业踏足社会以前，我一直用“细致入微”来表述。现在，虽然我可能只是浪而不是浪迹天涯，我所能感受到来自妈妈的感情，更加全面，也更加厚重。不需要多，几句话、几个动作，我就能感受到妈妈那种厚重的爱，与物质无关，是纯粹的精神体验。

为什么我会说她很生活化？就像电视剧里妈妈的角色一样，她很唠叨，有时候我也烦她，但看到她为我辛劳，我又会感动到自己都没办法控制。比如说打电话，我爹跟我打电话从来是挂得最干脆的，只有她跟我打电话会一直等我挂电话，临了还会嘱咐我一些琐事，比如要关好门窗，比如要把空调温度调高一点。最近一次，她跟我爹一起来厦门“视察”我租的房子的情况。当他们推开我的出租屋的那一瞬间，妈妈进去之后又一脸嫌弃地走出来说：“这屋子装修的味道太浓了，通风、采光都不好，房租不能退你就先住几天，妈妈过几天跟爸爸一起过来再帮你物色一下房子。”

然后，就像在家里一样，她一边埋怨着我不会收拾，一边帮我收拾着这个让她很嫌弃的屋子。她深知，一方面，眼前这个大高个男孩子已经二十二岁了，应该独立，自己不要心疼；

可另一方面，这又是自己的独子，不疼他又疼谁。那个小小的出租屋，在妈妈的打理下，植物有了、冰箱满了、衣架有了、衣橱整齐了，终于有了一点家的感觉。这一刻，我开始明白一个道理：没有女人的家，都叫房子，所以男人需要女人才能有家。

后来，我爹要送姑姑回家，就先离开了，妈妈留在厦门陪我三天。本来可以住酒店，我妈说要把钱省下来给我补充一下生活必需品和伙食条件，虽然我知道她只是想在这个隔间里面陪我几天。我知道自己长大了以后，已经很久没有跟妈妈在一个房间里睡过觉了。多年以后，当这个生你养你的女人，让那些你小时候熟悉的一幕幕在你面前重演的时候，你会怀念，你会感动，也会在心里泪如雨下。浪迹天涯，一个离开了母亲在外漂泊的孩子，就是浪迹天涯。现在的她在家里等着我下班，帮我洗好衣服以后又和我一起出去吃饭，在大排档里面炒各种我喜欢吃的菜，还有螃蟹和石斑鱼。一对异乡的母子，在这个海滨城市，找到了十年前那种亲密无间的感觉。

我租的房间很小，甚至不如我在家的卧室那么大，可妈妈执意要跟我住。那天晚上，我们一起聊天聊到凌晨五点，聊了一整个通宵。她很清楚地知道，儿子毕业了，没有寒假、暑假了，以后在一起生活的日子也许都数得着了。就像她和我的外婆、我已故的外公那样，有了自己的家庭以后，和上一辈的感情，并不像曾经。我们把这么多年的事情都捋了捋，有掉过眼泪，也有开怀大笑引得隔壁邻居有意见，我们把嗓子说到沙哑，把嘴巴说到干燥，把两壶水都聊到喝完。虽然我这几天也惹得她生气过，但在她脸上，我分明可以看出，她依然享受着这段时光。

最后一天下午，我送她去机场。临走前我们在商场里面逛了很久，累了以后带她在一家甜品店吃下午茶。看得出来，她很爱吃这些，可是在最后还是可以看到她在碗里留下了芒果和糯米团——那些她知道我爱吃的东西。

在安检门口，我一直站在那里，她不断向我挥手示意让我先回去，我却不断地摇头说："你先走。"或许，她也不明白，为什么我有一种想哭的冲动。

当她的影子消失在磨砂玻璃后面的时候，我在心里想的东西，很伤感，这也许是这个小男孩最后一次和自己的妈妈这样在一块了。时间带来的成长，有时候让人欣慰，一尺长的小孩儿被拉扯成一个男子汉；有时也会产生距离，而让人心酸。

妈妈虽然是个小地方出来的女人，但是因为外婆、外公为人正派，加之她自己本身也有着较之同龄人而言不错的文化教育，她不爱吹嘘自己的孩子有多么优秀，也不会妇人之仁强留我在身边。她一直知道，儿大不由娘，孩子长大了，要在他翅膀快硬的时候让他顺利起飞。同样地，父母在事业上没有过高的建树，一直以来以我衣食无忧为生活的最高标准。不过他们也没有像那些事业上取得极大成就的父母一样，有着要求孩子必须“顺我者昌，逆我者亡”的霸权主义，可是有时候看我遇到困难，他们想帮我一下而无能为力的时候也会有些难过，但我知道他们已经把最好的东西都给了我。

浪迹天涯，更多的是心灵上的一种放空。辩证地说，这是我爹妈最无奈的，同样也是能给我的最好的东西。他们给了我浪迹天涯的生活，也给了我不怕独自浪迹天涯的勇气，同时也给了我一个温暖的港湾。

小时候，总爱看《汉武大帝》和《贞观长歌》之类题材的帝王戏。相比汉武帝和唐太宗，给我印象最深的还是匈奴和突厥两股反面势力里面的单于和可汗。他们总是会将自己和自己的孩子比成草原上的雄鹰，在雪域高原上，像电影《阿飞正传》里面那只没有脚的鸟一样，不停地飞。我虽然不能成为帝王将相，现在我至少也有一片可以飞翔的蓝天，有家人陪我浪迹天涯。

所以，我不怕这个世界上没人陪我，不管我长得多大，内心有多少骄傲和多少自负，我的爹妈，都在我的背后。我不怕，因为我始终知道有他们在身旁；我不怕，是因为我知道有一天我撑不住了，这个有他们的地方，这个叫作家的地方，我依然可以回去，他们依然可以像摸一个孩子一样，摸摸我的头，告诉我："该吃饭了。"

前面说了很多对"北漂"的向往，而我却稀里糊涂地成了"厦漂"，一直很难告诉别人在厦门要立足未必比北京容易。厦门这个城市就是如此，母校厦大和鼓浪屿一直以来是厦门的两大门面，无论是门面还是城市本身，都以城市情调和生活质量而著称。少了北京那样的恶劣环境，很多人反而不相信在厦门立足是一件很困难的事情。

就在毕业证拿到手，随即签订劳动合同以后，我正式进入了厦门这个社会圈，离开厦大那个学校圈，开始了完全不一样的海滨生活。

"骑车在环岛东路看海边的风景，走过沙滩，在海水声中入睡，倾听海水和海岸的每一次细语。赶个晚市，买一些刚出水的海鲜，回去炖一碗汤，在顶层的天台吹着海港的风，再配一瓶冰镇的啤酒和洪濑卤味。"你以为这是"厦漂"下班后的日常生活，我说我的生活是生活，而不是一本小说。

用一种两面性的说法，世界总有主观世界和客观世界、现实世界和虚拟世界、具体世界和抽象世界。我也想象过我每天买点海鲜回家煮煮，吃完饭到海边散散步，跟楼下大爷聊聊天；也曾规划过，我每天下班要去游泳、健身、打篮球。然而，在真正的生活里，我是下班以后走到出租屋，然后收拾东西、洗衣服，就再也不想做任何事。

并不是说我工作有多么拼命，干的活多么高精尖、高大上，而是从有人督促你读书进步的阶段忽然间过渡到一切都只能靠自己的圈子里，我的骨子里仍然是懒惰的。

“北漂”的生活压力来源于巨大的房价负担，“厦漂”也是。

我实习的时候，经常和高中的同学说到从始发站坐到终点站的悲剧生活，他们偶尔会笑笑，说北京坐地铁换公交的更多。换作是我，我反而愿意在北京、上海的地铁上待两个小时，也不要在厦门的公交车上待一个小时。从物理上说，公交车颠簸而又闷热，经常伴随着一侧烈日的暴晒；地铁则一年四季都保持着那样合适的温度，并且四平八稳。但我似乎并不愿意用这种理性的理由说服自己，而是用最直观的感觉，因为我坐公交车晕过很多次车、每次等车需要等很久，让我确确实实很不舒服。当每天早上都需要担心路程远会迟到而引发的早起和我长时间坐公交车会晕车呕吐之间的矛盾已经越发严重了，我开始厌恶这样一段漫长的路程。

我曾在微博上戏称自己是粉丝们关注的“网红”中最现实的一个人，我也在心里有过小想法，想要在厦门“安居乐业”。正如前面所言，“安居”，这是一种抽象的想法。

屡屡挤进房价排名前五的厦门，让我经常像一个老师抱怨学生“为什么人家好好读书你不学，偏偏学人家偷看女同学上厕所”一样那么恨铁不成钢。这是一个没有大城市的命，却得了大城市的病的海滨小城。

当然，这也让我的父母产生了对我深深的愧疚，他们虽然可以让我平时吃喝不愁，但是厦门的房价总会让一个平凡的家庭元气大伤，甚至一蹶不振。我也很清楚，如果有房，那就不叫“漂”，那叫“迁居”。我也知道，作为一个孝顺的孩子，我虽然无法让父母现在开始安度中晚年，但是我有理由让他们少一分为我的担忧，少一分因为我而造成的生活质量的掉挡。步入社会的那一天起，我就离开了那个襁褓，我要学会独立去面对这个“漂”，它是“漂泊”，但也“漂亮”。

厦门之所以好，是因为有海，无论多么难过和不开心，跑去海滩上看看远处的大海，虽然一眼可以看到对岸的海不如一望无际的海那样吞吐万象，但亦足以让一个人忘却那些无足挂齿的东西。

行走在沙坡尾的街头，看着避风港里面静静停靠的渔船。渔船准点出海打捞，收获后回到住的地方，在早市和晚市上贩卖着自己的劳动成果。夜晚，通透的空气让月光毫无阻挡地洒在地面上、海面上和“沙坡尾”三个大字上。船只漂泊在海上，一如无数游子一样，那个被用烂的游子如同船只、家如同避风港的比喻，在此时此刻我的心里，有了新的感受。这种感受，难以用文字诠释。

现在我在海上，漂泊着、收获着，捕捞的过程才刚刚开始，我会时常回头看看那片港湾。我浪迹天涯，没有终点，我告诉这个世界，我来了，即使没人陪我浪迹天涯，我回头依然可以看到那片港湾，在湛蓝色的月光下，等我回去。

时间带来的成长，
有时候让人欣慰；
有时也会产生距离，
而让人心酸。

Chapter Three

少年，活个痛快

不要想成为任何人，做一个真实、独一无二并放肆生活的人。

学习，也能像玩儿一样

学其实就是玩儿

帮严老板打工的日子里，我接触到了很多小弟弟、小妹妹，他们总是问我觉得背书很枯燥可咋办。作为一个天天活在法条里的人，多少还是懂得一些苦中作乐的，不然你每天面对那群戴着眼镜的资深教授，他们和你念叨着诸如程序正义、依法治国、意思自治或者罪刑法定的时候，你会觉得："这个世界怎么了？这么活着有意思吗？"

所以，很多人会不厌其烦地告诉你——"兴趣是最好的老师”。对我自己来说，我确实得感谢我爹妈给了我足够的培养和足够的自由。所谓培养，也就是小时候给我灌输动画片没意思的概念，让我多看看《动物世界》《人与自然》和探索频道之类的，也经常带我去一些乡村、城市游玩，引发了我对世界的好奇心。那个时候，我很骄傲，因为对于一个十岁的小朋友来说，知道龙虎山是丹霞地貌比知道柯南和毛利兰是不是真的有感情厉害多了。大人都会说："呀，这孩子真聪明。"

书本，总是追求用最少的文字来给你最多的信息输出，这也导致了你在看书的时候看到的是纯信息而不含任何消遣性的东西。如果换一个角度，从哲学层面出发，一件事情给予你的感受来源于你的主观感受和该事物的客观存在形态，所以如果把书和书中的信息当作是一种摄入，像陈毅前辈那样饥渴地摄取书本，那么看书也就不无聊了。

至少对我而言，我在看理化生那些课本的时候，我会把它当作是一种吹牛的资本，觉得这比小说都好看。别人在上洗手间、买零食或者在讨论球星的时候，我都会趁着开学那几天领新书的热乎劲儿把书都看完。当然会有人问我："邱汐岩你有劲吗？看课本还这么津津有味。"我觉得课本和《百科全书》没差别啊，为什么会觉得无聊？其实我也一直觉得那些喜欢看小说的人蛮无聊的，倒也不至于像那些老教授和文学家那样忧虑快餐文学给新一代青少年带来的"毒害"，但是我个人确实没办法专心在手机上等着一些“文学”网站上一天五千字的更新。

当被问到“背化学反应好无聊啊，怎么才能背下来啊”“地图册看得我头都大了，岩哥求支招”之类的问题的时候，我的反应是惊愕的：“这难道不应该很享受吗？”

以前看到一条微博，具体内容也记不清了，但是大概意思就是这样：对于一个知识丰富的人而言，他的人生是不会无聊的，至少他看到路边的野花开了，他除了“哇，花开了”以外还知道这花叫什么、可否入药、一般生长在哪儿等。

同样地，记下来那些化学反应，你至少知道为什么牙膏可以去茶垢、为什么豆浆和食醋在一块会有沉淀之类，记下来那些地图至少在同学跟你说“你好，我来自××地”的时候，你可以清晰地告诉他，“哦哦，那个地方我知道”。

学习枯燥是因为我们总是觉得这件事情在生活中毫无意义，但凡在你个人的生活中有意义的事情，你都不会觉得枯燥。说了这么多，都是正面例子，那我说说反例。

大概是个性太强，我一直相信只有有用的东西才有学的必要。比如古诗词，我没必要倒背如流，所以我对所有给我下一句让我写上一句的古诗词默写都充满了无奈；比如错音错字辨析，我觉得只要大家看得懂就行，语言的本质在于沟通，而不是语言本身；比如现代文赏析，我觉得大家的思维不是我三言两语能够概括出来的，更不应该有一个固定答案来衡量我的对错。所以，我觉得学语文很枯燥、乏味，每次看书都感觉像在嚼面巾纸，虽然可以吃，但是嚼不动，也咽不下去，舌头和口腔内壁都被粘连，很难受。这也就导致了我语文才刚刚及格。

王小波的那句“做一个有趣的人”成了我一生的追求。然而，人总会抱怨生活无趣。无趣源于无知，无知源于无望。一个对生活没有好奇心的人，不会想知道任何东西，那他的知识储备也是有限的，他眼中的世界也必然是灰色的。

虽然很不想提及，但是在微博、朋友圈等很多社交场合看到很多人抱怨着很多东西，说着自己的生活无聊、说着校园生活很惨淡。虽然我并不完全赞同“书中自有千钟粟，书中自有黄金屋，书中自有颜如玉”这样的书生观点，但是无聊大多来源于一个人的主观感受——无知或无趣。一如摄影，一个真正善于捕捉生活的摄影师，即使是在一个很一般的生活圈子里，也能拍摄到一张值得回味的照片；而走马观花的游客们，只会抱怨某个景点跟他们想象的并不一样。

记得有一次，是我们学校摄影机构，也就是厦大青年摄影组聚会，一个视摄影如生命的同学给我们展示他在暗室里面拍摄的作品——用高速快门捕捉拳头打入水缸的那一刹那。说实话，配合后期和他自身的钻研，这张照片很后现代，让我们都惊呼其创意和技巧。对作品有惊愕，对这件事却并不意外，因为大家都知道他是一个热爱生活、热爱摄影的人。

那时候，正好是一个同学去黄山玩了回来，大家一起在漳州校区对面的烧烤城里面扯淡着，聊着当下的学生、工作，吐槽着自己的境遇。这个同学说：“厦大真××没劲，跟黄山一个德行，名气大得要死，啥都没有。”姑妄不评价我这个同学是不是真的爱自己的学校，但是他觉得5A景区居然如此一文不值我也是觉得很无奈。至少我爹在我小的时候带我去黄山，我觉得夏天居然山上还需要穿棉袄很奇怪，然后就问我爹为什么山上会冷，所以那会儿就知道了海拔每上升一千米温度降低六摄氏度的那个公式。还有别的，比如我爹拍的那些照很美、我妈也被我爹拍得很美。

总而言之，就是一个人对生活的态度会折射出很多东西。同样地，一个人对学习、对知识的态度也就决定了他学习的时候是一个怎样的境遇。

至少对我来说，有些学习跟玩儿，确实没区别。

怎么玩儿着学

虽然一直觉得玩着学的想法挺不对的，因为毕竟学习是一件蛮严肃的事儿，但是话说回来，如果有些逼着你学你却没兴趣坚持的东西，确实需要自己来消遣自己的痛苦。

当初，跟《天才知道》的一个朋友经常一起做活动，他总说炫耀和炫耀对虚荣心的满足是让你对学习保持兴趣的最佳途径。

期末考试的时候，我们通常需要把一整本书在一天时间内大概背一遍。印象最深的就是大二下学期学《经济法》，《经济法》最大的特点就是没有特点，感觉一句“调整经济生活关系的法的总称”就把我们这些苦×本科生给糊弄了。反正什么财税法、银行法、金融法、卫生法、反垄断法和消费者法全部都在里面，没有什么体系可以遵循。

我在去上洗手间的时候，看到隔壁班的一个同学趴在洗手间干呕，我问他：“怎么了，是不是不舒服？”

他说：“真的，这次真的是背吐了，饭都没胃口吃，《经济法》太坑人了。”

我给他递了杯水，说："苦难马上就要过去，最后一科了。"

一声叹息，我仿佛觉得自己像是在一个牢笼里和一个狱友诉说着衷肠，告诉他人生不过一死，总能熬出头，场面悲壮并不输生离死别。

我其实除了不喜欢学习语文外，很少有没兴趣的东西，甚至包括语文，学什么都不会学得这么掏心掏肺——这也许就是苦中作乐的本事吧，也可以说在我眼里根本就不是苦。

还是那一天，吃晚饭的时候，你可以看到各个年级的同学都在食堂门口怨声载道，因为法学院的考试周，这是你仅有的喘息之机。大家奔走相告，告诉大家："完犊子，记不住啊！""亲娘啊，随着就忘！"虽然这些都是学霸们的惯用伎俩，但是我还是淡定地看着他们装×，然后和我的小伙伴们讲述着我今天在学习的时候都会什么。

"滥用市场支配地位这个问题，你看起来好像有七条内容，实际上只有六条，因为最后一条委任立法都是'其他滥用市场支配地位的行为'，剩下六条只要记住开头，都是'没有正当理由'就是无理取闹，然后按照逻辑可以自己想嘛，高价卖出低价买进压榨对方、低价出售排挤同行、不卖不买掐死对方、强制买卖限制对方、搭售和差别待遇。记住这六个核心，自己到时候用法学素养编就行了。”

当我一气呵成说完这句话的时候，小伙伴们都会惊呼我的记忆力强和逻辑思维之敏捷，我就感觉虚荣心一下子被大大地满足了。“脑子好就是任性！”

说实话，吹牛是一部分，其实还有一种和课本作斗争或者和课本做朋友的感觉。我是一个双子座，这种分裂人格也赋予了我很强的自言自语的能力。在课本里面看到一个知识点，第一遍怎么看都看不懂，我总会把自己分裂成两个人，互相对话着。比如以前司法考试的时候总会在看刑法案例的时候陷入一些思考。

人格A：“应该就是这样吧，你说这个是侵占还是盗窃？这个钱包失主没有拿走应该是酒店占有这个钱包啊。”

人格B：“嗯，对啊，那可不。”

人格A：“所以这个时候酒店大妈拿了这个钱包，侵占了他人的占有，那就是盗窃了。”

人格B：“好像是这样，你可真棒。”

我就像说相声一样，一边捧哏，一边逗哏，自说自话，自我满足。

本来，我就一直认为学习是件很快乐的事情，所以看着有些学霸学习的那种自我封闭，我也是有些肉疼。专注是一件好事，但是过分专注而痴迷于学习，我还是觉得有点过犹不及。那样的话生活毕竟还是太单调了，即使很快乐。

无论是哪一种东西，我都相信不是非黑即白的，不是形而上学的，所以学习和玩耍之间，还存在着很多交织的部分。这部分在所有事件当中所占的比重也很大，并不是我们想得那样简单和纯粹。那么，玩一样的学习就是一件顺理成章的事情了。

比如无聊的时候掏出手机，用扇贝单词、百词斩背一百个单词，看一些搞笑雷人的司法考试的案例，用凤凰新闻、澎湃新闻等了解一些值得关注的大事。所谓学习，是指我们在工作、生活和课堂中摄取一些我们未知且有价值的东西。虽然中考、高考对我们来说至关重要，但是态度的养成源于生活，而不是在课堂上像完成任务一样去养成的。我一直对那种只学课本、只在乎考试的学习方式不屑一顾或者嗤之以鼻，那种“学习”是负担，而不是学习。

坦白说，我七八岁的时候看的那些百科全书、《三毛大世界》和三联书店的《十万个为什么》这样的书，我也不知道到底对那个时候的我有什么意义，我也不知道看CCTV7的《军事纪实》和《农广天地》那样的节目对我学习汉语拼音有什么好处，但是我觉得这很好玩，我既知道了很多，又消磨了时间。可是事实证明，知识是互相关联的，我七八岁时的所看所学，以及那时所养成的态度，一直延续到了我十七八岁，所以好像我读中学以来所谓的自然科学和人文社会科学对我而言好像都很简单、很好掌握。那么，后面在学习那些深入的知识，比如说价电子和轨道杂化，比如光线补偿和呼吸补偿，比如磁场运动和经典力学之类，我不会手足无措，因为好像在很早以前，这些东西我已经接触过了。

回到正题，关于怎么玩着学这样一个问题，取决于你是如何看待学习以及学习对你来说到底意味着什么。我一直以来所信奉的，但不知对错的，就是摒弃功利学习的态度。如果一直抱着学了就要立竿见影地在考试中表现出来的想法，我觉得那就根本不可能学好，更不可能玩着就把书念了。

玩不是简单的消遣，学也不是枯燥地念书，有收获地去玩耍，没负担地去学习才是最好的状态。

每一份好奇就是一份收获

前些天碰见一个朋友，其实刚认识不久，很聊得来，熟悉之后发现竟然不知道对方的名字，于是她发了一份他们的日程单给我。一个表格，她的名字就在上面，叫我去认。这个朋友是大韩航空的空姐，所以给我发的图表是一份排班表，上面写着JR、SD、SS和PS。我就问她："这些都是什么意思啊？"她回答得应该也蛮无奈的："我就叫你看看我叫什么，你是好奇宝宝吧，这些对你来说没用。"我半开玩笑地说："网红就是靠好奇心来积累知识的，你快说。"

后来，我磨了很久，她告诉我，JR是外籍乘务员、SD是男乘务员、SS是韩国籍本土乘务员、PS是乘务长。虽然现在对我来说好像没啥意义，但是我总觉得技多不压身，知道这些对我来说没坏处，至少以后看到类似的，我也能读得懂这些图标的意思。

记得爱因斯坦曾经说："人如果没有好奇心，看到一切都不再惊讶和困惑，那么便如同行尸走肉，其双眼便是模糊的。"好像确实也没那么夸张，但是聪明人都具有好奇心是一句实话，因为善于提问是聪明人所普遍具有的特质，而好奇心是发现问题的前提。

倒不是为了标榜自己多么聪明和有智慧，我想自己肯定也算不上天赋异禀，但是好奇心于我而言，确实是一盏明灯般的存在。

有一件印象比较深刻的事情，是小学六年级跟几个小伙伴去外面玩，算是郊游，看到周围的花黄黄红红的开得满山遍野，他们也不管是什么，只顾自己陶醉在春色之中。江西地处传统江南地区，四季分明，春季温和多雨，适合大多数花卉生长，所以家里的环境确实适合郊游。那个时候，两个小伙伴摘了几朵黄色的花，很像是菊花的花瓣，又像是康乃馨，我就问她叫啥名儿，她说："不知道，应该是菊花吧。"我摘下来闻了闻，没有闻到类似的气味，按理说所有菊科的植物，或者像康乃馨那种石竹科的植物都会有点气味（不过当时的我肯定不会这么专业地表述），我就一直很奇怪，觉得应该不是菊花。其实当时也不像现在这样手机就在身边，能拍照摄像带3G、4G的网络，上传微博@博物杂志就能知道一切，所以我也只能按照自己的记忆来保留这份好奇。

隔了快两个月吧，跟老爸去市里面玩，正好碰到上饶市的一个公园在搞活动，是花卉展览。老爸正好想买一些盆栽回去，我们就进去看了看。我四处游走，观赏这些妖艳的花卉，听着市井小贩们用方言砍价，我看到了一株花，很熟悉，像是"Déjà vu"（似曾相识）那样。但是越看越熟悉，脑子里像是放电影倒带一样，我记起来这株花在前一段时间郊游的时候见到过，于是上前去问，才知道这株花是棣棠花，别名蜂棠花。性喜暖，对土壤没有严格要求，对光照也没有什么要求，总而言之是很好养、很好活的一种花，所以经常被用来做绿化植物，在华北平原到江西、浙江一带都有着广泛分布。

如果有些逼着你学你却没兴趣坚持的东西，
确实需要自己来消遣自己的痛苦。

少年，活个痛快

在我的文章里，不会看到我一直站在一个说教者的角度去给所有读者喂鸡汤，也不会去教育每个人该如此如此这般这般，所以我所说的态度，自然也不是所谓的学习态度，而是一种生活态度，不是必须端正的态度，但必须是自己的态度。

我从不奢求自己可以端正地像一尊佛一样，被人瞻仰和朝拜，也并不想要活得像是一个“别人家的孩子”，被人当作完美无缺的榜样。一旦陷入了那样一种设定，我的生活就不跟我姓了。所以，我理想中的生活，至少，要跟我一样姓邱。

有的人喜欢仗剑天涯，云游四方；有的人艰苦创业，在几平方米的隔间里面挥洒汗水；有的人拎着公文包挤公交车和地铁，为的就是那么一份自己喜欢的职业。每个人都很辛苦，用一种生活方式去衡量一个人的态度显然是不成熟的。我会用“喜欢”这个词来衡量——能不能放心地做一件自己真正喜欢的事情。

换个词来形容一下这种微妙的感情，我选择“痛快”。

进入职场，学会了马云的一句话：“一个人如果辞职，原因无非两个：钱，没给够；心，委屈了。”钱多与少和心是否委屈，有时候是一组关联度很强的概念，钱的多少往往可以决定心是否委屈，因为职场就是如此现实。

不管在哪儿，只要心不委屈，只要喜欢和热爱，只要足够痛快，这就是一种态度，就是有态度的人生。如果活在这个世界上，我连活得是否痛快都不能选择，那我觉得这是对人格的一种辜负，即使赚了钱、得了美名，享受荣华，那也就真的成为别人的附属品了。

记得刚刚出点小名气的时候，我跟几个好朋友在一起吃饭，吃的东西还照旧是那些：羊肉串、烤鱼、小龙虾等。作为闻名院内外的知名大胃王，吃相也是让我头疼很久的一个问题。那些人总会这么调侃，说大明星现在怎么吃东西还跟以前一样，不注意吃相。

当时只是笑笑就过去了，因为跟死党在一起没有那么多解释的必要，啰唆反而太装。不过这倒也启发了我很多思考，出名了，我该不该注意形象，去做头发，去悉心倒腾穿衣服，去刻意维护自己的形象之类。最后的结论当然是没必要，形象这个问题确实很重要，但是并不能因为这些小问题就开始禁锢我的人字拖、我的大裤衩，甚至是我的吃相，那样的话就变成了不痛快。

一个痛快的人，往往就是一个活出态度的人。从来没觉得我的文字可以三言两语跟读者或者其他人来把人生观和价值观这些东西解释得很透彻，因为生活这种东西是活出来的，不是讲出来的。我不是一个好为人师的人，也不是一个爱讲大道理的人，我需要的道理不多，活得痛快潇洒，或者让自己活得痛快潇洒就足够了。

诚然，生活中、工作中和学习中会有很多很多让你身不由己的事情，比如说考试周你觉得读书就是不痛快、上班的时候老板喊你加班你就是不痛快、你爹妈看你在家睡懒觉催你帮忙做家务你还是不痛快。我觉得这些问题不能推翻我的论据，因为这些都纯属抬杠。这些事情很多时候虽然表面上你看起来不痛快，但是细细看看背后的潜在内涵，分别是好成绩、好业绩和孝顺父母的心，这些东西对于每个人来说都是求之不得的。

并不是不满意这个过程就非得归于“不痛快”这个目的，这个不满意应该归于一种“空手套白狼”的懒惰情绪。

做一件自己爱做的事情，并为之而努力，去实现一个自己想要到达的目标，并收获一份这样的喜悦，这便足以称作是一种有态度的人生。

虽然一直很讨厌看电视剧，但是《北京青年》里的何东给我印象颇为深刻，那时的李晨一直是以何东的形象被我记住的，而不是那些“石头记”，那些“晨予冰”的陈词滥调。电视剧里，父母要求他必须做一名公务员，但是他受够了在25岁就能预见到自己40岁生活场景的这种生活模式，毅然辞职带着弟弟们和哥们儿，一群人开始旅行，开阔眼界，最后在一个公司找到了一份称心的工作。虽然出去玩一趟、开阔个眼界这种毫无干货的方式在现实生活中并不能给你带来一份让你满意的工作，但是至少他“世界那么大，我想去看看”的做法让我很钦佩，这确实是一种态度。

用现在很时兴的一个词——“裸辞”来说，何东就是一个典型的“裸辞者”。他没有找好下家就坦然辞职，为了尊重自己的内心和全世界作对，且不考虑孝顺与否，但他拿出了一种看得见的态度重新对待自己的生活。有的人辞职，用“跳槽”来说更合适，因为目的在于生计，在于更高的薪酬，与态度没有太多的关联。

我一直把何东这种人、他做事的这种态度，当作是一种众生对于生活的呐喊，当作一种有态度的宣誓。我，人生苦短，寥寥数十年，委屈于别人的意志，即使赢了全世界，也输给了自己的内心，在事业上成功了，在人格上却是个卢瑟。

上一次，宿舍卧谈聊到房价，厦门的岛内均价已经四万元左右一平方米了，如果完全不靠家长，自己赚钱按揭买房，估计一套一百平方米的房，按揭二十年需要给银行支付的总额将近八百万元，而且是按照银行同期基准利率的情况下算的。这倒是把我吓得半死，我们就在合计着，到底该不该在市区买房。

我向来是一个做足够的准备、做最坏的打算的人，所以从未将自己的未来设定为一个成功者（winner）。或许有这样的可能，可我不会痴心妄想我会有一笔飞来横财让我一口气买下这套房子，不会想到三四十岁的我可以有一份清闲多金的工作。如果这两个假设都不成立的话，那么也就相当于，我买了一套月供三万元的房，但是为了养这套房，我每天都必须工作去挣足够的薪水，这也就使得我每天上班的时间前后加起来必须有十个小时，除掉路途上的时间和偶尔外出的时间，平均每天待在这所小屋子的时间可能只有十个小时。这也就证明了一个结论，累死累活养的一套房，最终变成了为了买房而买房，我的生活已经不属于我，而属于地产开发商和银行。

我不爱鼓吹负能量，我一直认为，每个人都有自己的苦楚，只不过普通大众的苦楚更加现实、更加刚性、更加物质。人的一生在前面十八年或者二十二年甚至二十五年都在读书，我们没有太多的时间和太多的机会来表达自我，活得痛快。按照退休年龄六十岁计算，我们真正有时间、有精力活出自我、活出态度的时间最多不过四十年。如果我把二十年的时间献给了银行和地产商，那我只能说我的人生喂狗了。

室友说了一句很经典的话：“在大城市买房，其实不是买给自己住的，而是买给丈母娘看的。”我认同这个观点，但却不认同那些为此就赔上大半个人生和整个青春时光去屈服于社会压力的林林总总。

以前在报纸上看到一句话，说这个世界永远是聪明人花钱，但是由蠢货在埋单。事实上好像的确如此，虽然大城市买房的很多人确实是人生赢家，他们或者出生于中产阶级以上的家庭，或者有着相当不错的能力和学历，或者能够掌握着许多一般人难以把握的机遇，但对于大多数人来说，选择在大城市买房换来的不过就是一世房奴。一次和一个好朋友一起吃饭，选餐厅的时候，我问他为什么不像上次那么爽快地要去高级的饭店吃，他说：“我身上背着房贷、车贷，这个比房租可怕一万倍。”

这些已经步入社会的人总是会比我们更多一些认识和感触，而我的同龄人，虽然很多已然对这个世俗的现实社会有了初步的了解，可这种切身的体会，恐怕只有在这里面摸爬滚打以后才能慢慢了解。租房子给人一种居无定所的感觉，可这种生活方式在大城市会让生活成本减少很多，会让人有更多的时间做自己的事，去成为一个自己喜欢的人，一个痛快的人。

我发完那条朋友圈感慨生活之艰难时，我的一个师兄在我的朋友圈里面评论说："生活如果不艰难，又何以催人上进。"对这种偷换概念的行为我向来是略不屑的。所谓催人上进和被一所房子压得喘不过气是两码事，他所谓的上进不是追求自己想要的人生，而是追求一种所谓成功者的社会评价。

但，一个有较强逻辑思维的人应当认识到，所有事物都不可能完全等同，亦不可能完全对立。所以，我只是不认同这种将为房子奋斗和上进等同的做法。当然，一个人有责任心，追求社会认同感，无可厚非，我也尊重每一个靠自己劳动来获得财富的人。于我自身而言，我会用一种我满意的方式去追求一个自己满意的目标，做一件自己心甘情愿、自己无可后悔的事情。

很多人问我，你吐槽这么多，烦的事情这么多，把自己说得多么现实与理性，那么你理想的生活是什么样的。我想了一会儿，本想很装×地丢下一句“随缘”，其他交给问问题的人自己去考虑，但法律人的本性就是提出论点以后会不断地论证并解释。

以内心最原始的痛快为基本，将世俗的评价、外界的看法作为一项标准来对我的生活慢慢修改，做一个小事可商量、大事有原则的人。与每个人求同存异，不求他人理解我，也不强迫他人按照我的方式生活，与朋友像方向不同的矢量，方向不一样但却可以互相祝福。我从来没有想过去清晰地勾勒我的未来，未来是存在无数变量的一种结果，既然我每一次预算都要承受一件小事带来的蝴蝶效应，那么精确的预判也就不存在、也没有意义了。但是，在心中，始终会有一把标尺、一杆秤，就是让自己生活的轨道永远保持在一个符合自己内心的方向上。

这也就是所谓的，活得痛快吧。

我理想中的生活，至少，
要跟我一样姓邱。

不忘初心，不改初衷

法学院是厦大最风云际会的一个学院之一，至少在造势方面确实如此。坦白地说，我们学院男生虽少，但是优质的却从不缺少，甚至有时候风头完全压过了那些同样优秀的姑娘。前校草（是因为他毕业了，而不是说他被我比下去了，不要恶意揣测，哈哈哈哈）在这个时候默默走上了演艺圈的道路，正在几个电视台频频进入公众的视野，并在台湾开始接拍电视剧。正所谓有一就有二，很多他的同学都会来问我是不是也打算走这个路子。

每次遇到这样的问题，我都一笑了之，“自己长得对不起观众”“我玻璃心，怕被观众吐槽长相”之类的话也用了无数次。虽然这也是理由，但却不是一个很重要的理由，因为觉得这个理由不够装×，也不够符合自己内心的想法——“不忘初心，不改初衷”。

拍东西、录节目虽然不是我最喜欢做的事情，但也一直觉得是最有意思的事情，也是陪伴我成长的一个活动。镜头下的我和生活中的我也许并没有两样，但镜头就像一个放大镜，让我变得更注意细节，有时候迷失，也有时候认清自己。

所谓迷失

好像一直以来我都在说自己跟正常人一样，这并不是谦虚或者低调。大三下学期，可能是我把上节目这个“副业”和学习这个“主业”的关系处理得最差的一段时间。

我学习上的导师（当然也只是我一个同学而已），曾经很隐晦地指出我在奔波于各个镜头之下，拿着各种节目、广告的台本和微电影的剧本的时候，已经开始有了所谓“网红”的浮躁感，于是多次规劝我叫我记着自己叫什么、以后要干吗。可能是名气来得太快，我虽然有想过不能浮躁，但终究，事实证明我没有控制住。

整个2014年上半年，甚至在考试前我还在录节目，期中考试的时候还是一直“投身”于微电影之中，我忘记了自己是个学生，忘记了自己自控能力并没有想象的那么好，忘记了我是一个要考研的人。

那个像导师一样的同学在我们期末考结束准备开始实习的时候，一次在食堂碰到了我。他问我：“你还考研吗？现在准备了多少啊？”

我：“现在就开始准备？需要这么早吗？”

他：“拜托，你考的学校很难考上啊，而且据我所知也是考的科目最多的一个学校吧。”

我：“是啊，可是不是还要司法考试呢？”

他：“那你现在看书了吗？英语、政治呢？”

我：“有必要这么着急吗？”

他：“你别怪我丑话说在前头，你这个不紧不慢的态度干什么都悬，你要考研还天天出去拍这拍那，有意思吗？”

我：“……”

等到一切都有了结果，我大概才懂得什么叫本末倒置。确实在最需要看书的时候，我没有花太多的时间学习，虽然镜头下的生活很华丽、很充实，但是丢弃了基础的华丽，是那么的华而不实。我开始反思我一直以来的浮躁习惯，反思出“名”带给我的利弊，反思生活在镜头之下的虚荣心和扎实的学习与生活之间的关系，我最急需的或许就是一种沉淀吧。

确实，当你拍几张“精装修”的图片和写真，然后发布到微博和朋友圈看着朋友和大家给你带着溢美之词的评论，那一刻的虚荣心就像现在的股市一样，全都是泡沫，但是却在飞速涨停着。打开微博和朋友圈，都能看到成百上千的消息提示，可是一夜过后，一切都回归到最平静的状态，没人再去管你的虚荣心和你拍得多帅、多有意境的照片，留下来的只有一种虚荣心需要二次满足的空虚感和紧迫感。

开一个不恰当的玩笑吧，就像一度比较火热的“毯星”，拍几组气场强大的照片，让大家惊为天人，可是想想好像这个人也没什么拿得出手的作品，老来博出位总会让人觉得这个人是靠炒作才出名的。俗话说：“有则改之，无则加勉。”我的长相也拍不出气场强大的照片，但同时也不希望自己好像年纪轻轻只能靠炒作出名。学校的活动和一些电视节目，觉得没必要参加或者没时间参加的，我也就推掉了，因为本来这些平台跟戛纳电影节比就low很多，所以我觉得自己在这些问题上需要更加谨慎。

迷茫期来得快，影响也大，但是我也尽量让它快点走，不能让它影响太久从而让自己原地踏步。我无数次在熟人、朋友面前和微博上哭穷，说自己买鞋、买衣服没钱，说自己租房子没钱，而录节目和上电视可以给我带来收益，与之形成强烈对比的是在律所很劳累但好像并没有直接收益。但是，我还是推掉了那些节目，那些本来可以让我维持曝光度、持续增加名气的节目。

我的人生导师之一——我们学院副院长林教授曾经这么跟我说："汐岩啊，我知道你混那个圈子也有些经验了，但是你毕竟还小，年少成名容易冲昏头脑。我希望你可以明白自己的核心竞争力需要通过做什么来提高，如果你真的觉得钱很重要，我可以借你。"这番话很简单，但是却意味深长，我常常和舍友、好友提及这段话，笑称她就像我干妈一样对我照拂并指点着我。我也终于明白如果想要做一个足够优秀的人，应该在这个时候把功名利禄放在一边，安安静静地避开过多的镁光灯，去沉淀自己。

大四下学期确定要工作以后，继续和这位"干妈"聊了几次，她每次都会关切地问我在律所学习得如何、开始接触的业务有哪些。我一一作答，她也会赞许地说："学了东西，就对得起你花的这些时间，你会有独当一面的时候。"

人的迷茫就是这样，一句话、一个人、一件事就可以开解很多心结。困顿的时候，不要急躁，用力去想自己追求的最根本的是什么，思路也就明朗了。即使退一万步，光谈钱，是为了眼前的小钱还是将来的大钱？这才是迷茫困顿的时候该有的一种思路吧。

所谓收获

收获，应该是每一个思维健全的人在做一件相对而言比较重要的事情之后，该有的一种精神所得。快乐很重要，感情很重要，认识几个出色的人很重要，但如果只有这些，那么这段经历对这个人来说，就不是一个必要的经历。

当然，在厦门和北京都拍过一些小广告，有做麻豆的，也有给教育频道拍的公益广告，还拍过一些品牌的宣传照；微电影正规不正规的也有两部，上电视更是被大家所熟悉。虽然算不上什么大红大紫，但是作为一个八线网红，这方面的经历相对来说也过得去，自然也在其中获得了一些比较受用的东西。

这么久以来，我觉得通过电视和镜头，我最大的收获就是学会了包容。一直以来，我不是一个很喜欢和学弟、学妹相处的人，我始终觉得他们不成熟，很多东西跟他们说都得从零开始，事实也确实如此。

在从中国政法大学刚回学校的那个学期，有很多学校的机构和组织来找我去参加各类活动，名头和噱头也都五花八门，让我应接不暇。我也有过踌躇：如果我都参加吧，累得慌还要被人说我装×；我都不参加吧，又显得我太高冷说我看不上学校的活动。真是两难。不过双子座有个标志性特征——“不善于拒绝”，在我身上体现得还是很到位的，我把时间上没有冲突的活动都参加了，然后把自己累得半死。对于各类主办方和团队成员，我内心也是从抱怨到包容，不再和这些孩子计较太多。（好像我也没有大很多，不过我有抬头纹，我说了算。）

换个角度，也是学会自己给自己放低姿态吧，从内向外地做一个低调、踏实、努力的人。

在外面录节目，接触到的都是职业化的电视团队，无论是节目筹备、活动安排还是技术手段，基本上都是国内比较高的水准。然而学校里面，活动安排和统筹是一帮比我还小的孩子，人际关系处理上也经常没办法在各个嘉宾中一碗水端平。其实，我一开始还是有点反感的，但是后来就学会对待不同的人，用不同的标准。

可能在组织上的经验缺失、技术上没有资金和人才支持，我本身也不会提出太高的要求，但是在人际关系的协调上，我觉得这个问题是只要态度好就不可能有解决不了的事情。比如在某个比较出名的活动上，对所有嘉宾要求都高，需要化妆，但我这样的糙汉子本来就不会化妆，我迄今为止不知道BB霜和粉底液的区别在哪儿，但是主办方却把我扔在一边叫我自己抹。

看着其他的女嘉宾被一群人围着化妆，自己一个人在边上像糊墙一样往脸上抹东西还是蛮心酸的。我也一直在问自己干吗要来参加这样一个既没报酬又没存在感的活动。那会儿还没有参加《一站到底》，但是先前录的那些节目不说宠着你，至少也能让所有的嘉宾或者演员感受到同样的对待，还有钱赚。我越想越不是滋味，觉得这存心是给自己添堵。

当时想说，与其这么憋屈，我干脆走了算了。其实作为一个内心比较复杂的人来说，内心戏也是很足的。但是当你想到，你的一举一动，可能会引发一种机构和活动主办方内部强烈的蝴蝶效应的时候，我内心的不快好像也就没那么强烈了。毕竟都是孩子，我不愿意把自己的学弟、学妹想象成一个个市侩的人，会对某一个人、某一类人有特殊的偏见，对我和其他人可能只是有其他种种原因，无法兼顾。

几次在朋友圈吐槽，说这些学生机构态度不好如何如何，朋友就会说我为什么不能说“不”，为什么不拒绝，为什么在懊恼的时候不能尊重自己的内心。这些问题我也想过，我到底是不是一个迟疑的人，心里还是会不断说服自己。我从来就不是一个喜欢耍大牌的人，何况好像我也不是什么大牌。

成熟的人，不是说见过多少世面，看过多少风景，而是知道不胡乱以内心的标准去衡量所有人，不以个人的喜好去衡量所有事。

一个好朋友有一次和我谈人际关系，对我的交际圈子有强烈质疑，说了很多他无法忍受的东西，最后由衷地跟我说："我脾气确实没你好。"所以有的时候，虽然我确实看起来是一个很有个性的人，但生活中大多时候的我还是一个好脾气的人，不喜欢发火、不喜欢跟别人有太多瓜葛，遇见让自己烦心的事情只希望快点过去，大家相安无事，和气生财。

自从大三以来，我好像已经学会收敛那些因为自己情绪产生的无谓的吐槽行为，至少在社交网络上，我不再吐槽那些与自己无关的东西、那些纯粹关于情绪而无利害的东西。那种行为会让我不断想起那些该死的事情，也会让我心情像过山车一样烦躁，甚至会让一些看到我发泄情绪的人觉得我是一个很沉不住气的人。

前阵子和一个律师合作办案。有一天办案回来，在他的车上，我们聊起了一些关于行业和职业的问题。他说到这么一段话让我印象很深刻：大学本来就是一个过渡的地方，你在大学就是要学会收敛，在职场也好在家庭也好，我们大多时候没有一个完全放开表现个性的场合，你不会收敛、不会包容、不会忍让，要么你很痛苦，要么和你在一起相处的人很痛苦。我也一直信奉着这样的道理，有个性才能放肆没错，我倒是欣赏日本那种只要不影响别人多变态都无所谓的放肆之法，因为别的人也是人，没人需要用自己的情绪来为别人的个性埋单。

没有太多多余的道理，人生而平等，即使处境不同，权利都是相同的。作为一个社会人，也应该知道社会上有人才也有庸才，有蠢材也有天才。用自己的“高标准”，去要求那些达不到这个要求的人而变相秀优越感，却从不知道那种“高标准”很大程度上只是来源于你周围也不乏优秀的人而已。

结交这些圈子里的朋友，也让我认识到了包容和收敛的重要性。所谓的收获，我想大概就是心平气和地去和每个人相处，让自己的锋芒和脾气尽量少地伤害到别人，也让自己收获到一份沉淀吧。

等到一切都有了结果，
我大概才懂得什么叫本末倒置。

用自己的行动去填满自己的人生

时常在一个人的时候，我会控制不住自己去想一些无聊的事。比如“我为什么是我”，一切的根本源自我不知道为什么我的精神在控制着我的身体。我为什么出生在眼下这个家庭，过着眼下的生活，享受着别人无法理解的快乐和别人无法体会的无奈？为什么我的精神恰好控制了我这具身体，让我毫无理由地每天用这具躯体在世界上存在着？正因为如此，我开始明白，我就是我，这是一个既定事实，属于免证事实，我只需要在这个事实上，做好自己能做的就可以了，剩下的，哲学家会去做。

我相信世界上的万物是相通的，正如马哲课本里面说的那样，没有绝对的不同也没有绝对的相同，事物总是表现出相似性。所以，所有比喻有了存在的前提。

人身和人生，就像一个后鼻音的差别一样，很小也很大。如果将人生比作人身，那么我们的生活就像我们的身体，只有自己心甘情愿地吃下富有充分营养的食物，我们才能健康成长，有一段值得玩味的人生经历。如果生活里都是别人，那么就像一次填鸭，无论身体还是生活、人生还是人身，都将痛苦无比。就像是法餐里做鹅肝的那些鹅一样，生不如死。

我的愿望就是，在未来的若干年里，为自己活，为自己充实地活，不做无谓的浪费 。

为自己活

相信看这段话的人，可能在此时都会想起这样一句童年萦绕在耳边的话：“你读书是为了我读吗？你读书是为了你自己，而不是我！”这句如同童年阴影一般存在的话，有时候叫醒了一堆迷茫的人，也让另一堆人走向了叛逆和傲慢。

所以有时候，有的人问我能不能轻松地学习的时候，我会花很多的心思给他解释“轻松”这个词其实非常主观。并不是客观的工作量小就称为“轻松”，而是当一个人了解了这件事的重要性所做的一切事情都是应该开心和愉快的，所以也不会觉得“辛苦”，那么也就会觉得“轻松”。

管理好自己的时间，规划好要做的事情，这才是为自己活的基础，才是让人生变得纯粹的基础。

也许有的时候，我们的这种做法会让我们成为自私的人。比如无法为自己爱的人迁就和牺牲，比如人会活得过于功利。但我只想说，如果真的爱一个人，这个人的人生就是我们人生的一部分，牺牲、迁就与否，完全在于是否真的爱。如果我们所向往的人生是在荒野隐居，那也不会存在功利的问题。我们的目的在于成就带着自己标签式的人生，而不是以世俗为标准来量取收入、长相、身高和拎的是不是限量版包包。

说说我自己。我的生活目标就是做一个全面发展的人，比如能做“野模”也能当作家，能做网红还能把最最本职的律师工作做得很出色，这就是我最世俗的要求。我每天常规的活动，除了工作、健身、阅读、学习以外，就是玩手机和逛淘宝了。有时候觉得自己很全能，但是我确实也匀不出时间去玩《刀塔》或者撸啊撸。我很清楚，只要我把这些事情都做好了，我可以做一个有较强学习能力、有健康体魄的好律师，所以我乐意把我仅有的二十四个小时和七天（seven-twenty four）贡献给我的规划。

我开玩笑地说，兼职太多，以至于忘记自己是个律师。实际上，每个人的生活每天都只有24个小时，生活的宽度很大程度上取决于每个人的规划程度。流失的时间不仅仅是手表指针在表盘上不回头地转几个圈，更是生活的宽度。

非要有一个行程安排的话，我现在每天的时间安排就是：七点半起床，然后洗澡、穿衣服、吃早饭，八点半出门步行到办公室上班；下午六点下班以后，去买一些简单的食材或者现成的食物回家，简单处理了，晚饭以后会刷一会儿淘宝或者听一会儿音乐；七点一刻或者七点半左右出门去健身房，也可能去跑步，到九点半或十点左右到家；到家先打开电脑或者带回来的书，写一些工作上的文件或者书稿，看一些业务方面的书或者一些比较出彩的文字，时间或早或晚；十一点半左右去洗澡、洗衣服，然后躺在床上去刷刷微博。现在的生活于我而言没有太多的社交，也没有太多的娱乐，一个人住甚至不发语音就根本不知道自己还需要说话，可我依然过得很快乐——我很清楚现在我所做的一切都是能够在未来沉淀下来的，那是为我自己而活的所有经历。

工作有时候很轻松，有时候也很繁重，我也有过加班到晚上十点、十一点的时候，也有过下午四点就没事待在办公室的时候。带着疲惫或者愉悦的心情和躯体，来到健身房，褪下衬衫、西裤的我，在紧身衣和短裤中，我又能感受到一个不一样的自己。他随着汗水蒸发出来，是一个完全不同的我。但无论我在哪一副面孔中，在哪儿存在着，我希望现在所做的每一份努力都是为将来而做的耕耘。

为自己而活，是一个前提，也是一种态度，在短短数十载的年华中，我自认为没有太多的时间可以被浪费。忘记了自我的人，并不是无私，而是愧对自己的青春与年少。

为自己充实地活

如果说为自己而活，是在窄窄的人生路上拓宽自己的道路宽度，那么为自己充实地活就是让这条已经拓宽的路更扎实。

充实，是避免一切事物仅仅流于表面的做法。拿健身来打个比方吧，有的人健身大概就是去健身房晃荡一圈以后拍一张照，套用鲁迅先生的一句话：“有的人来了，但却相当于没来。”也就是说，大多数的时间，我们都花在一些虚晃一枪的事情上，而没有发自内心地做那些自己爱做的事。这些虚晃一枪只是为了让自己看起来充实，而不是真的充实。

我在这个问题上一直处在一个十字路口的位置，我爱好很多，却始终觉得自己没有痴迷于某一种爱好的趋势，无论是篮球、健身、游泳，还是摄影、旅行以及潮流。当朋友跟我谈天说地聊到这些时，他们都惊讶于我居然能知道那么多，但我心里很清楚，我并不是一个发烧友。确实，生活中有太多的东西，我们都把它当作一个过场，走马观花式地简单了解，每当夜晚回想起的时候，又发现自己仿佛什么都没做。

当然，如果“流于形式”是一种生活方式，我想我并不会反对。对于那些在健身房里对着镜子自拍的姑娘，至少她们也在网络上贡献了许多高质量的身材美照，也是广大宅男的福音。但要强化时间观念，管理好自己的时间，我同样也认为在自己花时间的地方做出一些值得骄傲的事情，那样才无愧于在“特长”和“爱好”上所倾注的时间与心思。

以前看过一句很有道理的话，说教室是以学习为主题的睡眠体验处，星巴克是以咖啡为主题的照相馆，学校是以上课为主题的婚恋场所，肯德基、麦当劳则是以速食餐饮为主题的公共厕所。同样地，图书馆也好，健身房也好，操场也好，越来越多地变成了情侣肆虐“单身狗”的场所，我开始告诉自己，做某一件事，一定要达到这件事最本质的目的，不能本末倒置，那样是对有限的时间的一种浪费和挥霍。

大概是几年前吧，我无数次地提到“踏实”和“浮躁”这组对立的词，我也曾无数次反思自己缘何浮躁，又缘何急功近利，可能就是因为无法彻底地让自己充实以达到平静的境界吧。当看完《功夫熊猫》以后，我始终记得那部六年前在英语课上看的电影中，所讲述的“inner peace”。是，我很少把自己如痴如醉地投入某一件事情当中，以至于对我自己来说，我所做的事情是为了让别人知道我做了这件事，而不是我真的为了内心的满足感才去做。那么，在我前面所说的“流于形式”的生活方式下，我的生活和情绪就会开始为外界所动，对于一种真正的平静，始终难以达到。

一年前，一个姐姐送了我几本好书，她是我在参加某一次节目时认识的一位编导。看到她在朋友圈说自己看过的好书在毕业时正巧可以送人，我就留了一个地址。大概三天以后，我收到了《你幸福了吗》和《等风来》。《你幸福了吗》全文中我赞成的东西或许并不是很多，但有一句话始终让我共鸣着：

> 20世纪的战乱时代，偌大的中国，放不下一张安静的书桌。而近日，偌大的中国，再难找到平静的心灵。不平静，就不会幸福。平静才是当今真正的奢侈品。

不平静，我在某种程度上将其等价于浮躁的概念。正是因为内心不充实，活得太过表面，让我们在这种环境下没有办法去做一个平静的人，以至于平静成了奢侈品——被我们常挂心上，却鲜有人能够做到。

> 所有的人，起初都只是空心人。所谓自我，只是一个模糊的影子，全靠书籍、绘画、音乐、电影里面他人的生命体验唤出方向，并用自己的经历去充填，渐渐成为实心人。而在这个由假及真的过程里，最具决定性的力量，是时间。
>
> ——三毛《空心人》

时间很短，为自己充实地活着，让生命从别人的音乐、图像中汲取到的体验，在自己的经历中升华一些，也就无愧于这十几年的青春和几十年的人生。

当一个人的生活开始专注于每一个细节，就像一件来自德国的工业设计品，是产品，更是艺术品。我始终相信，每个人都是一件产品，都可能成为艺术品。只有醉心于每个必要的细枝末节，专注于提升每一处肌肤，就可以成为艺术品，因为这样一段时间，会让理解、认同这段人生的人更加认同，也让本身从指缝中滑过去的时光更加熠熠生辉，宛如一幅名画。

现在，我开始学着为自己充实地活。我知道如果我去星巴克，除了喝咖啡一定也要看多少页书；我去健身房一定要完成多少组动作；我去游泳馆一定要游满多少距离；每天工作需要完成的内容必须有哪些。我生活很随性，从不下死命令，但对于生活节奏，必须有一个负责任的态度，对自己负责，同样是对时间负责。

现在，当我离开看书的地方，我很自豪我今天确有收获；我离开健身房和游泳馆，可以感受到身体开始疲惫，内心却很快乐，第二天可以看到身上的线条明显了；离开单位的时候，我可以不带书包，不带公文包，因为我确实完成了所有的工作。无论工作或是娱乐，学习或是休闲，它们本质上都需要一个充实的态度，来换取一个结束后的深呼吸，以追求内心的那份平静。

时间就是如此，当它不断充实，给人带来的幸福，便是那段充实的生活和生活背后的平静。

不做无谓的浪费

人的身上，可能会被浪费的有很多，比如时间，比如情绪。以前，我是林宥嘉的歌迷。他的一首歌就叫《浪费》，让我那个时候就明白，这是一首备胎唱给女神的歌，以至于内心泛起了淡淡的忧伤。

“浪费”这个词语，一直以来都以一个带有极强感情色彩的形象出现，它表示不屑、不珍惜、不爱护而肆意挥霍，浪费的人或事依旧孤傲着，被浪费的只能默默承受。而当这个动词的宾语变成时间，那悲哀的或许只有自己了。

当一个人确认了要为自己而生活的时候，他就会很自然地明确在哪儿花的时间和情绪是必要的，在哪儿又是被浪费的。如果为自己而活是一种姿态，那么不做无谓的浪费就是一种行动，我就是要告诉全世界：“从今儿起我不在那些破事儿上浪费时间了，你们都给我滚！”

以前在实习的时候，我就深深感受到一种被浪费的罪恶感。从我的宿舍到实习的地方，也就是我现在工作的地方，如果要赶到九点钟上班，我必须每天七点起床洗漱收拾，七点半出门坐公交车，然后坐一趟如同跋涉的公交车才能差不多准点到办公室。同理，我六点钟下班，也需要一个半小时才能回到那个已届分离的宿舍。算下来，每天二十四个小时，我有将近四个小时花在了路途上，说得唬人一些，几近人生的六分之一。我想，这些时间我拿来干什么不好？我以前也试过在公交车上看一些业务新闻、体育新闻和背背英语单词，显然效果是不错的。

可是那种大家都能体会的半梦半醒间坐在或者站在这座城市拥挤的公交车上，本来就发热的脑子就像一瓶加热过的汽水，还要不断地摇晃。我分明能感受到自己的脑壳随时可能裂开，在下车的时候，也因为晕车吐得稀里哗啦。我开始愤怒，嘴里骂着f打头的四字脏话，抱怨着自己的处境很惨，并且无数次对着写字楼发誓，以后死也不能死在公交车上。

后来，毕业了，我租房子只考虑了写字楼周围一公里的地方，任何超过一公里的区域都是“耍流氓”的区域。现在，我虽然住得并不如其他在厦门工作的朋友，可那种步行十分钟就能上班的感觉，让我的早晨情绪更加稳定。这本该属于我的时间，不再浪费在公交车上，我可以多睡半个小时，起来洗个澡，在高层阳台上吹吹沉淀了一整晚的海风，等到躯干被唤醒以后再去上班。同样，下午的时间，我可以拿来煮一点自己想做的菜，听听音乐以后再去健身。我把本来浪费在公交车上的时间拿了出来，换来的是自己的好情绪和充实的时间，让时间这种抽象的概念和自己的生活更加贴合。

我以前说，我爱北京、上海这样的超级城市，因为它们代表着梦想、奋斗和年青一代改变自己的执着。同样，我也讨厌这样的城市，因为时间总是不知不觉被浪费在路途上：人口的压力造成城市区域不断扩大，城市不同功能区的分化越发分明，居住区和办公商用区被划分开就造成了上班族们必须忍受地铁的拥挤、道路的拥堵。作为一个曾经在东三环从五点堵到七点的人来说，我永远忘记不了那个繁华的国贸和“大裤衩”是怎样陪伴着那条高架上所有怨声载道的各色北漂。

以前和一个学妹聊过未来的发展问题，大概就是京沪两地高额的房价等，那些正在逐渐进入社会的普通90后，如何面对的问题。至少我知道，近七成的北漂或者沪漂父辈的家庭无法承受儿女在这两个城市里买房，年纪轻轻就成为房奴甚至没有资格成为房奴，那么人这一辈子就献给银行了。

我大概地说了说我的想法：大交通越来越发达，人们不必拘泥于一定要在工作的城市买一份在自己名下的不动产，而可以选择在周边二线城市买房过日子，平时上班就租一套好一点的小房间夫妻二人简单生活就好。至少同等面积的房产，在上海买和在嘉兴买，价格上的差距足以买上好几辆BBA的好车。这种生活方式至少对于没有孩子的夫妻而言，是一种不错的选择。

人生在世，无非“衣食住行”，现在或许除了贫困山区的儿童，大多数能够看到我的这段文字的人，不存在“衣食”方面的问题，而“住行”却成为许多年轻人的牵绊。有些长者、前辈会说，年轻人不要着急买房，束缚自己。我觉得很有道理，因为痛苦大多来源于主观上的不满而不是客观上的落魄，如果真的发自内心地觉得不买房可以带来许许多多自由和快乐，真正认同了房子对于生活而言并不是那么急迫的需要的时候，也就不会有太多的牵绊。中国仍然处在全球化和传统化思维并存阶段的国家，我们总将房子视为刚性需求，正是由于每个人都这么想，被束缚的东西也就越来越多，比如非得要买，非得在一线城市买云云。

我对生活一直抱着“不快乐，毋宁死”的态度，我不希望被任何事情，任何与我无关的事情绊住脚，浪费我的情绪、时间和生命。

时间很短，指缝很宽，有很多需要充实的事情去做，不要做无谓的浪费。这一次，请为自己充实地活着。

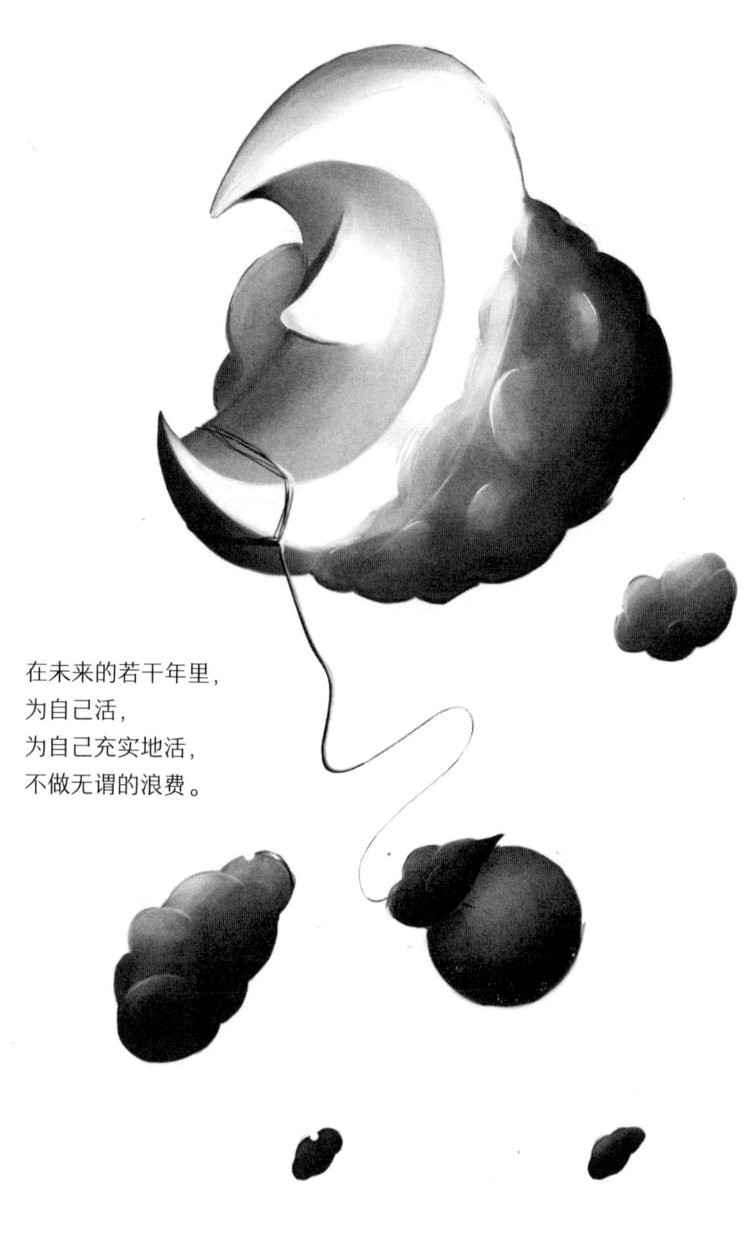

在未来的若干年里，
为自己活，
为自己充实地活，
不做无谓的浪费。

自控，从情绪开始

人和许多高级哺乳动物不同于其他动物的最大特点之一，就是或多或少拥有情绪，这种依赖于神经元、神经递质和各类胺而存在的微妙感触。根据情绪所表现出的不同，又可以大体分为正面情绪和负面情绪，前者如开心、激动，后者如愤怒、失望。情绪在我看来应该是一种资源，一种源自我们大脑内部的主观资源，就像石油一样，有限、珍贵，但是要是没有得到很好的控制，它也是有害的。

“你要做一个不动声色的大人了。不准情绪化，不准偷偷想念，不准回头看。去过自己另外的生活。你要听话，不是所有的鱼都会生活在同一片海里。”

——村上春树《舞！舞！舞！》

总有大人告诉你，成熟的标志是不再喜形于色，成熟的标志是不再在无关的人身上浪费感情。这种生活方式或许看起来不够接地气，不够有人情味，但客观上确实是一种最有利于自己的生活方式。

但是，大道理人人都懂，小情绪情难自控。顾小白说过：人的大脑分为左脑和右脑，左脑控制理智，右脑控制情绪，左右脑是分开的，即使理智再清楚，情绪这个东西也无法控制。这也就是为什么给别人做过恋爱军师的人，失恋以后哭得最惨；给别人灌心灵鸡汤的人，最经历不了失败。

我们始终生活在那个“道理人人都懂，但我依旧过不好这一生”的窘境之中，可是在以自己为主角的生活里，我们只需要用心演绎自己，这就无愧于自己的躯体和灵魂，因为有些事，终究会水到渠成。

不浪费

情绪在我看来一直是一种很值钱的东西，或者不那么世俗，是一种很珍贵的东西。它需要感情、需要精力、需要环境来培养，如果总在无关的事情上浪费感情、时间、精力，那肯定是不值得的。

总在生活中听到家人朋友、同事同学说到×××浪费了×××的感情，我想，感情完全不被浪费，似乎也不可能吧。就像许多女孩儿说的，谁年轻的时候没爱过几个“人渣”，谁年轻的时候没有付出过让自己都觉得犯贱的感情。坎坷的意义，大概是为了让我们记得绕开，而不是下一次又要瞅准了往下蹦跶。所以，既然我们曾经浪费过，记得长个教训，以后不要再浪费自己的感情，不要浪费自己的情绪。

> 到了一个年纪，越来越怕去真心待人，我们总怕自己的感情被浪费。有人说，年纪越大，经历越多，我们的心会变得越小，许多话会更难开口，得到的是成长，失去的是真挚。

有的人选择不去浪费，反而变得更加油盐不进，不容易感动、不容易忧愁，每天活得像是城市的一个零部件而不是一分子，冷冰冰的。这样好吗？我不知道，我觉得有好也有坏，因为所有问题都应该从出发点出发，如果在值得的事情上“浪费”，那便不称为“浪费”，在不值得的事情上“付出”，我同样称为“浪费”；一件付出了努力和心血的事如果让人“快乐”“兴奋”，都不是“浪费”，让人“愤怒”也不一定是“浪费”，但是如果让人“寒心”就一定是“浪费”。

我们害怕的，不是付出了情绪换回虚无，而是怕付出了情绪，换回的是让自己寒心的，甚至让自己觉得不值的人和事。

比如从南京彭宇案件开始很火的“老奶奶摔倒扶不扶”的事情，我觉得同样的场景放在我身上，我可能真的会避开选择走掉。究其原因，我害怕的不是要给老人承担医药费，不是害怕不被人理解，更不是因为冷漠，而是我一份热心肠硬生生被一句“不是你撞的干吗要去扶”浇出的透心凉。这就是寒心。

我有一个朋友也是南京人，他跟我说了一件这样的事：他在江边散步，听到有人呼救，当时身边没有什么其他的人，而十二月的南京，寒冷之极，他选择脱掉衣服跳进水里救这个遇难的年轻人。也许时间太久，把这个年轻人救上来的时候，年轻人似乎已经昏厥，情急之下，我的朋友给他压胸吐水。学过急救的人应该都知道，如果溺水以后需要把胸腔积水吐出来，将胸腔向下挤压约一英寸，所以造成肋骨损伤甚至骨折并不鲜见。这样一件倒霉的事也就发生在这个年轻人的身上，他一个肋骨骨折，苏醒过来的年轻人以故意伤害罪起诉到江宁区人民法院。虽然最后并没有宣判，法院也接受了当事人和解并做庭外调解解决了这个纠纷。但我朋友是这么说的："我心疼的不是那三千多块钱，而是我明明去救他，最后他居然告我故意伤害，还要赔偿，我真是×了狗了。"

同样的事情还有很多，比如国内无数个慈善基金被曝光出贪腐现象严重，挪用资金用于私欲。我大概也是从高中开始放弃了参与所有的捐款活动，初中的时候还是会捐五十元、一百元给灾区小朋友的我就是这样变得理智的。

记得大二的时候，我和一个好朋友做我们班的班长和团支书，正巧碰到雅安地震，起初想组织班级同学捐钱的我们也打消了那个幼稚的念头。至少我们的共同认识是，国内的慈善行业发展至今，仍然不存在哪个机构可以在金钱面前毫不动摇。最后，我们在联系好物流公司和当地民政局以后，按照给出的单据买好了物资向当地输送。

不浪费自己的情绪，是一种谨慎的态度，因为我们都害怕被伤害，更害怕一番好意反被伤害。有人说我冷血冷漠也好，理智理性也好，我相信为自己的情绪着想是一件天经地义的事情。我可以奉献，可以热爱，我也可以有权选择自己的奉献方式。

与其被人、被事、被社会伤害得油盐不进、冷血无情，倒不如一开始就选择一个节约自己情绪的方式去对待这个世界。至少这样，我们不再哭哭啼啼，不再寒心。

不 伤 害

负面情绪就像一发藏在手枪里的子弹，控制不好，容易擦枪走火，伤及无辜。虽然总说不要浪费自己的情绪，但总归看到，世界上还是好人更多，尤其在身边还有许多爱我们的人。说到这里，我们可以猜测出负面情绪有哪些，比如嘲笑、愤怒和不耐烦。

我一直是一个秉性很直的人，所以难以控制自己的脾气，难以压制自己的情绪，有时候会伤及无辜。虽说周围的朋友都很大度，可始终觉得自己的脾气不好，对他人抱有歉疚。

也许最大的受害者就是妈妈了。当妈的，大多在子女面前很唠叨，这种唠叨就是一种“她们自己觉得不唠叨，是为了你好”的唠叨。我在家的时候，吃着水果，她会不断地看着我叫我别把果汁滴在她刚收拾好的地板上；我在房间里玩手机或平板电脑，她也会来敲三五次门告诉我该吃饭了。同样，当我在厦门读书或者工作的时候，也能在刚刚跟她通完电话以后接到她的微信，问我在干吗，有时候在公交车上被司机闹得晕头转向，就会莫名地烦躁。

当然，我心里肯定很明白这是为了我好，或者说作为独生子，自己在母亲心里扮演的角色是无法替代的，甚至我就是她生命的延续。我也偶尔不耐烦，其实并没有生气或者愤怒，因为我知道我没有什么好生气的。可我忽视的问题是，这个我叫妈的女人，她在自己最在乎的人面前，是十分玻璃心的。于是那些耳熟能详的话，包括委屈的、愤怒的话，她都会在我不耐烦以后开始上演："你吼我？你喉咙这么大干吗？我说一下还不行啊？""我不是想你了嘛，你一个人在外面，妈妈关心你一下你至于这么不耐烦吗？""好好好，以后不管，我再也不管了，你爱吃不吃。"

每一句话，看起来都很平常，但不得不说，每一句话都代表着老妈内心的一次受伤。也许我这么说有些"玛丽苏"，她始终是我们生命中最重要的人，甚至可以不需要"之一"。在不考虑少数极端个例的不负责的母亲的情况下，母亲是世界上最温柔的群体，那么作为子女到了二十多岁，呵护自己的母亲也不是一件过分的事。

现在，我试着让自己平静，我也学会了一个和女人，尤其是中年女人相处的道理，那就是“不要跟女人讲道理”。开始试着让自己平静，如果再催我，我就满口答应着；如果要给我发信息，很累我就不回复，不累就解释一下。把自己的情绪收敛起来，在说出话，或者在按下“发送”之前，花两秒钟想想这样说到底是不是合适。

俗话说“祸从口出”，大概就是这个道理吧。不知道什么时候，“暖男”这个词开始占据了许多萝莉妹妹的视野，白衬衫和微笑也成了暖男的标配，对于这个概念缘何被热捧，也在一个“暖”字。有人调侃说“暖男”是中央空调，对谁都好，没有原则，容易让人恶心。但站在我的立场上，我一直不觉得那些讲话没分寸是真性情、目中无人是真自信，没素质就是没素质，没有那么多说辞。如果在自己的世界里，爱怎么玩怎么玩，对待自己人、朋友或者初次见面的陌生人做一个暖男，绝对是礼貌和有素养的表现。

一半在黑、一半在捧的暖男，在我眼中，通常都很懂得控制自己的情绪，至少他们懂得用微笑去化解纠纷，不会让气氛太过尴尬。

愤怒的情绪会让人头脑空白，脑子会变成装饰。不再思考，不会思想，行动失去控制，出现一个悲惨的结局。不是自己彻底崩溃，就是让他人体无完肤，不论如何都是一个失败者。“负面情绪就像火山，不能让喷发的岩浆控制自己。”这句话，送给现在的自己和未来的自己。

情绪的共鸣

很早以前就看过一个老段子，说男人和男人要做朋友，一定要共同喜欢某样东西，比如篮球、游戏、岛国动作片或泡吧；女人和女人做朋友，一定是共同讨厌某样东西，比如某些“绿茶婊”、小三或“渣男”。共同喜欢某一件事物的男人，容易成为兄弟；共同讨厌某一件事物的女人，容易成为闺密。

喜欢和讨厌，是人类区别于大多数动物的特点，他们是典型的两种情绪，就像物理学当中的振动波，如果两个人的波在频率和波长上能够有一个契合，就能实现共振——迅速拉近两个人的关系。

> 我想所谓的孤独，就是你面对的那个人，他的情绪和你自己的情绪，不在同一个频率。
>
> ——理查德·耶茨《十一种孤独》

情绪，就是智能生物之间的桥梁，它的共鸣在很多情况下是社会关系的源头。比如球迷会、粉丝团、摄影协会，这些组织里的人因为同样的事开心，也会为同样的事情难过。

生活和工作中也有许多这样的例子，利用情绪的共鸣拉近人和人之间的距离，也可以利用情绪让关系不断疏远。

我们通常把这种共振叫作“共同语言”，比如“酒逢知己千杯少，话不投机半句多”就是这样一种关系。如果要把情绪的“共振”和“共同语言”做一个区分，那大概就是前者发自内心，后者只是表面。但是所谓的控制，就源自我们可以利用这种规律人为地制造一些共振来拉近距离，或者利用一些错位来制造人与人之间的距离。

青少年时期的男生，带着荷尔蒙，对那些身边愈发青春靓丽的女孩儿总是怀着“不好”的心思。多情的少年和怀春的少女，总是错开互相的缘分，所以我们总能在那个年纪去看一些类似于如何泡妞追女孩的秘籍。它们教男生要学会制造话题和共同语言，让女生和你的关系自然而然地拉近，不再因为两人相顾无言而陷入尴尬。

到了大学，我们总会涉及和老师处理师生关系上的许多问题。问过几个资深的学霸——比我还厉害的那种，他们说答卷子很多时候都是答观点，有唯一答案的题都是送分题，决定分数高低的题都是观点题。他们中的一些人，深谙此道，在日常学习之余，还留了许多时间和精力去研读任课老师在这一门学科的研究过程中所发表过的文章，寻找该授课老师的观点和论述方式，投其所好地将观点运用在答题的论述中，顺其自然获得高分。有的人可能会抨击这种做法并不利于学术的健康发展，更会助长高校学术氛围过于行政化的势头，但不得不说，这些懂得从细节入手的学霸、善于使用情绪的学霸，换一种环境，极有可能依然是学霸。

我也曾和一个中国政法大学的老师有过深入的交流，他也坦言，在评卷子的过程中，无法脱离主观世界的禁锢。如果一个同学能够在卷子中回答出让他产生共鸣的答案，这会瞬间让他有一种寻得知己的感觉，即使这个感觉非常短暂，也足以让这名学生在这道题上获得不错的分数。

有的人清高，有的人孤傲，有的人觉得自己的世界不需要别人打扰，他们选择了不去迎合任何人。时代如此证明，如果一个人没有聪明到不需要情商的地步，那么他在社会上始终需要活在别人的观点之中，活在那张社会网下。在不丢失个性和自尊的前提下，善于使用情绪的人，往往运气不会太差。

人的胸怀决定了他的格局和高度。一个人立身处世，如果任凭情绪控制，感性凌驾于理性，看起来随性、真性情，实际上只是无法自控的说辞，必然不会很成功。心的大小决定了我们世界的大小，如果连自己的情绪都控制不了，即便把时间都给你，你也早晚会亲手毁掉这个世界。理性中混着感性，不滥情，不冷漠，才能看到一个精彩的世界。

选择一个节约自己情绪的
方式去对待这个世界。

后记　愿在岁月如歌中找你

这句词小邱应该挺熟。

因为太久不写字的缘故，生疏又顾虑，好几次都想着，算了，干脆推掉小邱，这样我也没那么重的包袱。生怕自己现了丑，也没帮上什么忙。于是我动笔前问他，这玩意儿有什么要求吗？他说，真实感人吧。

“噗，什么鬼。”我心里这么寻思着，觉得工作了一年的邱汐岩，已然一副“老干部”上身的架势，也是挺逗的。转念又想，他把这四个字说得那么一本正经，好像也恰好符合认识他这么多年，他在我心中“真实感人”的印象呢，于是认真了起来。

我坐在我家的大窗边深思熟虑到底有什么重要的事是值得在这么重要的时刻被记录下来的，突然之间一场倾盆大雨瓢泼而下，我耳机里刚好响起那句“天气不似预期，但要走，总要飞，道别不可再等你，不管有没有机”。

一切故事都应该是从一次郑重的道别开始的。

到墨尔本的时候已经凌晨，打开手机瞟到有一条来自小邱的微信，点开发现是一个小视频，视频里的他抱着KTV的立麦，声音有一点点嘶哑。他唱着一首我喜欢的歌，安安静静的，好像那里就只有他一个人。那是他用来跟我道别的方式，细水长流的，仿佛所有要说的话都在那被时间拉长了无数倍的昏暗的包厢里。

几个月前，他写了一篇随笔发给我，我就在香港的一个小咖啡店驻足，读完了他的文字再启程。文章洋洋洒洒，伴着我脑海里他孩子气的样子，干净清新，带着几丝孤独。我感受着他漂亮字体下的漂亮灵魂，我觉得那一刻，我们的关系是最亲近的。我想这也是我愿意为他这第一本文集收尾的很重要的原因，因为文字是不会骗人的，那些用了很多个夜晚在黄色灯光下敲敲打打出来的方块字，真真切切记录着这个人，他喝着多浓的咖啡，用什么牌子的钢笔，他几点睡觉，接手了什么样的案子，他的人生里来来往往了什么人，分别给他留下了怎样的故事。即便他没有写，你也可以从那些标点符号里离他近一些，更近一些。

他重感情，这是我支持他书写并且发表的另一个重要原因。最后一次返厦，正好与他擦肩，得知他去了外地出差，于是在离开的时候发了微信对他说：“没见到面，真遗憾。”他过了很久回了我一条，只有八个字：“相见有时，相谈有词。”我看着这八个字想起我毕业要走前同他的最后一次见面，他紧紧地抱了我很久，什么都没有说，淡然如今，却把我心里那一丝离别的酸涩一下子全都激发了出来。他说他会在脆弱的时候想起我，我没有回复他。

因为我想，我们终究都是这样的人。

当然了，因为很久前一时兴起，我在微博上发了一篇关于他的文章之后，有很多朋友陆续发来私信问起关于我们青春的那些事，我斟酌了很久，都想不到该如何回复大家。原因并不是不想，而是我觉得，关于汐岩，我的故事都太小，但其实他立体得像一本读不完的小说，而我写到的那些事，仅仅只是一些零碎的章节而已。我不太想让大家觉得，邱汐岩就是我所说的那样，我更希望喜爱着他的人，能从他的文字里、谈吐里、情感里去认识他。

因为只有他自己能解释，什么叫作邱汐岩。

不过，我同许多看过我们故事的朋友一样，羡慕并且怀念着那一段属于我们的时光。在那段时光里，小邱喜欢在午饭后买一盒水果，半倚在宿舍斜坡的榕树下，一边狼吞虎咽，一边跟旁边的好兄弟打嘴仗，即便画面永远充满了夹脚拖和沙滩裤，但都美好得无可取代。“帅帅。”他叫我，在一群人中伸出手来摇一摇，于是我慢慢地笑着走过去，他常会揉揉我的头发，就好像他是学长而我是学妹一样。我们就站在阳光下，谈笑，吐槽，相互嫌弃，然后带着“没准就是下一个小时就会相见”的心情草草道别。

现在想起来，真是既奢侈又温暖啊。

如今我们相隔了整个太平洋，各自奔忙，似乎也没有太多的时间和理由共同回忆，唯有每个人，守着属于自己的那一份，像现在我说的这些话一样，悄悄给那些愿意分享的人看一眼，然后再快速地关上这宝贵的盒子。就像是，它即将逝去一样。

之前说过的那首歌，结尾是这样：“当世事再没完美，可远在岁月如歌中找你。”

2014年6月21日，我在厦门大学领到了毕业证书，我穿着学士服，与我爱的那里的一切告别。那天晚上陈奕迅在厦门开了一场演唱会，当他唱到这一句的时候，我泪流满面地相信，一切都会过去，而一切终会再来。

关于年少的小邱，关于我们，如是。

文章至此，已近结尾。但我却忽然记起当初那篇长微博的最后，我讲给大家听的那个故事，当时间慢慢移走，所有的忆记仿佛都终将会回到那最闪亮的日子里，于是我起了私心，想要把它在这里分享第二遍，送给小邱，送给大家，也送给我自己。

2012年冬天，我生日的晚上，他们在白城摆了蛋糕等我，我去到那里的时候已经是十一点多了，海风有点大，大家都有点冷，也不知是什么原因，大概是因为部门刚刚解散，又因为喝了些酒，所以我有些伤感。于是我独自走向大海，他们的声音在我背后慢慢被海浪声掩盖，等到我觉得离他们已经远了的时候，我朝着大海用尽浑身力气喊了一句：

“学术部！”

“我爱你们！”几乎是同时的，小邱的声音在我身旁响起，他一只手搭住我的肩膀，我抬头看了看他，月光洒下来，他眼里的光那么亮。

这就是我们的青春吧。这就是小邱的青春啊。

无所畏惧的青春啊！

在大家都要小邱苟富贵勿相忘的时候，我只想说：

嘿，老学弟，愿你平安如江河。

文/晏彤

2015/12/11